細密画で辿(たど)る生物進化の足跡(あしあと)

大人の解剖図鑑

渡辺 採朗 著

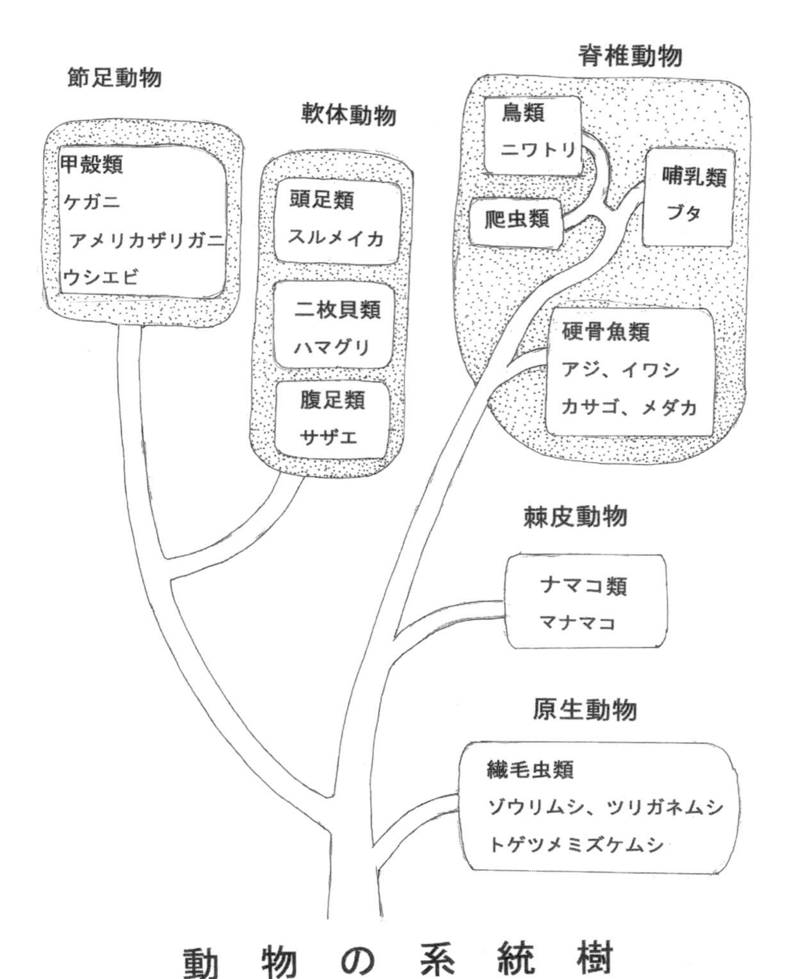

動　物　の　系　統　樹

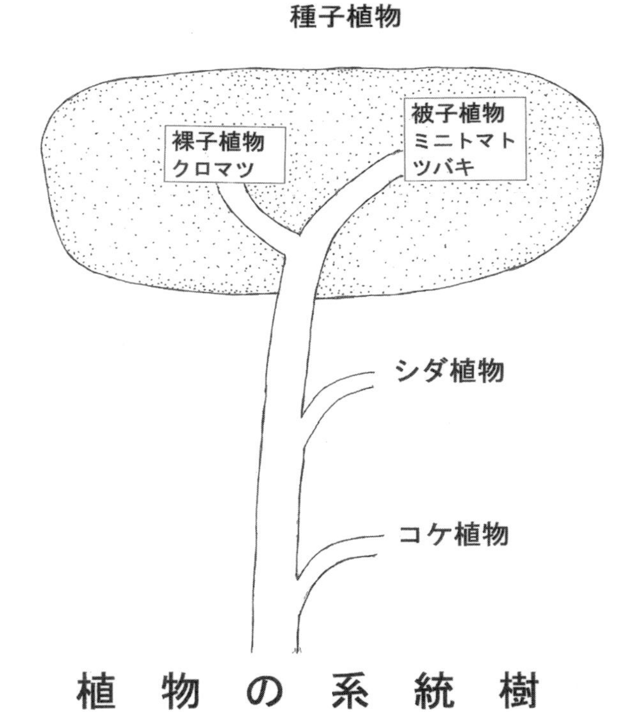

植　物　の　系　統　樹

目　次

（注）章ごとに、そこで扱う動物がどのように進化してきたのかをTopics（トピックス）として概要を紹介しています。

また、筆者が教員時代に生徒から問いかけられた素朴な疑問・質問をCoffee Break（コーヒーブレイク）のコーナーを設けてご紹介しています。読者の皆さまで、生徒を納得させる答えをお考えください。

はじめに

筆者は、長年にわたり、高校教師として身近な動植物の生態や仕組みを観察してきました。観察にあたっては、対象をできるだけ忠実にスケッチし、これを記録としてとどめるように努めてきました。とりわけ解剖した動物については、それがその個体への礼儀だとさえ考えました。それが本書をまとめた動機でもあります。

◆解剖をとおして太古の世界に思いをはせる◆

さて、あらためていま「なぜ解剖か」と問われれば、身近な動植物の仕組みの詳細を知ることによって、いまある動植物の遠い先祖が地球の歩みに合わせて進化し、今日あることに思いをはせることができるからです。

動物にしても植物にしてもその体（からだ）は、それ自身が作ったものではなく、細部に至るまで進化の産物です。この地球上に生命が誕生するのに数億年、それからさらに数十億年の間に、それぞれが棲（す）む環境に適応して進化して今日あるのです。その大きな流れを本書カバー折り返しの「系統樹」とその解説でお読みください。

いま、人間の活動によって、その生物の多様性が失われ、絶滅の危機にさえ直面している「種」がいます。地球環境と生物多様性の擁護は、人類にとって今世紀最大の課題だと思います。そのことを本書から読み取っていただければ幸いです。

◆実物に触れて眼を輝かせる子どもたち◆

多くの子どもたちに実物の観察と解剖をとおして、その仕組みを知り、動植物がかけがいのない存在であることを、より深く理解して欲しいと思い、教育に携わってきました。ゾウリムシやミジンコ、さらにメダカなどの観察をとおして、子どもたちは視聴覚教材では得られないワクワク感を覚えて感動します。また、さまざまな解剖をとおしてヒトとの共通性とともに、環境や生存をかけた営みのなかで変化（進化）してきたことを知り、生命の不思議やすばらしさを実感し、生あるものへの慈しみの情を持ち始めます。

本書でとりあげたアジ、ニワトリ、ブタ等々の解剖をとおして、臓器、眼球、筋肉、中軸骨格、中枢神経など多くの部位がヒトの仕組みと酷似しており、同じ先祖から進化したこととともに、それぞれの生息環境に応じて多彩な進化をとげてきたことも理解できます。

◆解剖にあたって指針にしていること◆

筆者が教育現場で子どもたちを指導する際、指針にしてきた７項目をご紹介します。

①生きている動物の解剖は、生徒に無用の混乱やストレスを与えるため、実施しない。

②解剖では、動物の体（からだ）や臓器に触れるため、触れることに抵抗感の少ない「水産物」や「家畜の臓器」を材料にする。その際、調理用の手袋やマスクを着用させ、細菌による感染を防ぐ。

③外形や内部構造は、ヒトのものと比べながら観察させ、動物の体にひそむ、共通性と多様性を探させる。

④共通性と多様性から、動物やヒトの体が長い年月をかけた“進化の産物”であることに気づかせる。

⑤観察には、肉眼だけでなく顕微鏡も使い、微細構造にやどる機能性に気づかせる。
⑥教育目的の解剖であるため、解剖中の生徒の様子には細心の注意を払う。ふざけて動物の体を切り刻むなどの生命軽視の行為は、厳格に指導する（場合によっては、解剖を中止する）。さらに、解剖終了後、体（からだ）を使わせていただいた動物に感謝の意を表す。
⑦解剖に違和感をもつ生徒には、解剖することを強要しない。

◆ 本書の概要 ◆

この図鑑では、微小な繊毛虫類・ゾウリムシから大きな哺乳類・ブタまで、主な動物門・動物綱に所属する動物の体と器官の「仕組み」と「形状」を身近な動物等を使って紹介しています。この図鑑の元になったものは、筆者が高校教師として「水産物・家畜臓器の解剖」「微小生物の培養」「ミジンコ・メダカの飼育」に取り組んだ際、書き溜めた膨大な動物のスケッチです。そのスケッチをまとめた38枚の図版が本書の中心です。

図版と「解説」を見開きで掲載しました。その際、「仕組み」「形状」の記述で終わりにするのではなく、「仕組み」「形状」に秘められた意味も深堀しています。さらに、生物が進化して、環境に適応していくことにも触れています。

章ごとの概要は以下のとおりです。

第１章で、動物の性質とそれを支える細胞小器官、及び器官の働きを紹介しています。

第２章から第６章は、大形の動物を動物門･動物綱ごとに系統的に解剖して、体と器官の「仕組み」を順次紹介していきます。その際には、体と器官の「形状と生態」、「形状と働き」についても触れます。

第２章と第３章では、皆様に最も馴染みのある脊椎動物を取り上げます。先ず第２章では、脊椎動物の原形に近い水生の硬骨魚類を、次の第３章では、陸生化した脊椎動物である鳥類と哺乳類を、魚類と比べながら紹介します。第４章では、脊椎動物とは体や器官が対照的な、節足動物を大形の甲殻類で紹介します。５章では、節足動物とも、もちろん脊椎動物とも、体や器官が対照的な軟体動物、その中の主要３綱である頭足類・二枚貝類・腹足類を紹介します。第６章では、第２～第５章のいずれの動物とも「体・器官の仕組み」と「進化の方向」が根本的に異なる、ユニークな棘皮動物をナマコ類で紹介します。第７章では、植物のスケッチで「被子植物と裸子植物の違い」や「陸上生活に必要な表皮と維管束」を紹介します。

おわりにでは、動物の体と器官の「仕組みの多様性」をまとめるとともに、それをもたらした進化についての思いをのべさせていただきます。

第 1 章
単細胞動物から多細胞動物への進化の過程を観察する

（図版１～図版７）

《概要》最も原始的な動物である単細胞動物と少し進化して多細胞化した動物の器官とその働きを観察します。

1．ゾウリムシ，トゲツメミズケムシ，ツリガネムシなど：原生動物門・繊毛虫類

2．タイリクミジンコ：節足動物門・甲殻類

3．メダカ：脊椎動物門・硬骨魚類

【この章でスケッチした動物のプロフィール】

1．ゾウリムシ，トゲツメミズケムシ，ツリガネムシなど：原生動物門・繊毛虫類

単細胞動物である繊毛虫類は、原生動物の中でも体の仕組みが最も複雑なグループです。筆者の居住地周辺で、ゾウリムシは下水、トゲツメミズケムシとツリガネムシは、水田の水溜まりで採集しました。ロクロクビムシや未知の繊毛虫（図版１）は、稲株に米のとぎ汁を注ぐと湧きました。原生動物の細胞は、ヒトの細胞に比べて巨大です。肉眼でも確認できるゾウリムシの細胞は、ヒトの赤血球の20倍の大きさ（長さ）があります。

2．タイリクミジンコ：節足動物門・甲殻類

外来種で、西日本の水田の水溜まりに生息する多細胞動物です。在来のミジンコと比べて大形です。グリーンウォーター（クロレラなどの緑藻の繁茂する緑色の水）で飼育したところ、雄の出現、交接、及び「耐久卵の形成と発生」まで観察しました。体が薄く透けているため、検鏡*して内部器官を観察するのは、容易でした。

3．メダカ：脊椎動物門・硬骨魚類

以前は、水田やその周りの水路など「水の流れの弱いところ」に普通に生息していた多細胞動物です。ミジンコやボウフラを好んで食べます。観賞用のヒメダカを購入し、産卵床としてタワシを入れて、配合飼料で飼育しました。５月～９月にかけてタワシに卵を付けました。この卵を発生させて、胚や孵化直後の稚魚を検鏡しました。両者とも体壁が透けているため、心拍動や血流が容易に観察できました。

＊検鏡とは、顕微鏡で観察すること。

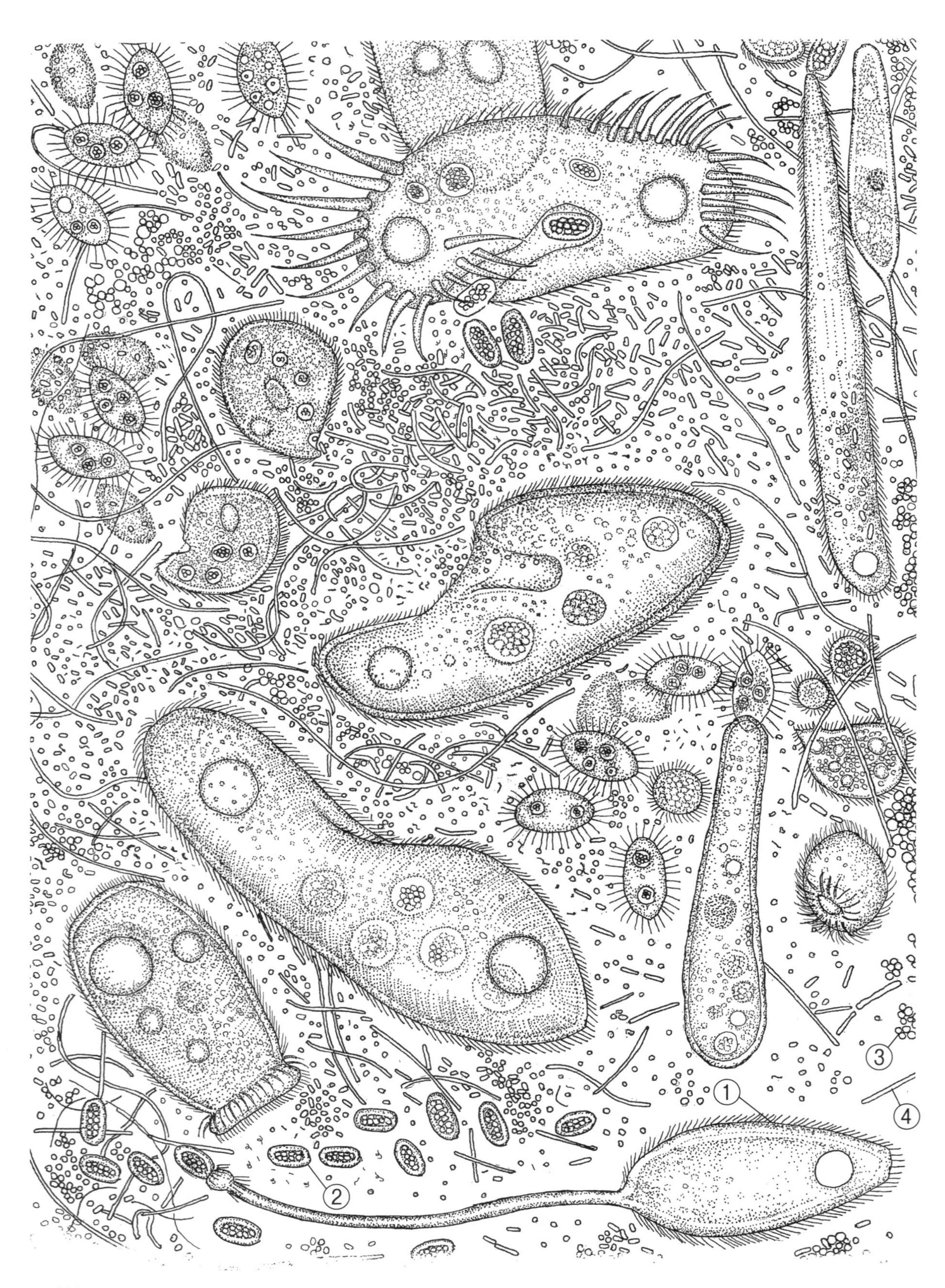
①
②
③
④

図版１　繊毛虫類、腐食連鎖（検鏡図）

①ロクロクビムシ　②キロモナス　③細菌　④カビ

《図版１　解 説》

近くの水田の土を米のとぎ汁に浸して３週間ほど放置したところ、表面に白い膜状のものが発生しました。これを顕微鏡で観察したところ、粒状の細菌や繊維状のカビが密集していました。その中を、いろいろの形状をした繊毛虫類が、細菌や他の原生動物を爆食していました。中でも、長い首を持っているロクロクビムシ（繊毛虫類）が、小形のキロモナス（べん毛虫類）を立て続けに飲み込んだのには圧倒されました。さらに、細菌は動かないというイメージを持っていましたが、動いているのを見て、命の躍動に感動しました。

これらの観察を通して、次の３点に気づきました。

①分解者*である細菌やカビから始まる、腐食連鎖（ふしょくれんさ）があること。
②腐食連鎖の主役として、原生動物・繊毛虫類がいること。
③どんなに狭くて小さい空間でも、水と栄養分があれば、命が満ち溢れていること。
＊細菌やカビは、腐った動植物を分解して土に戻すので分解者とよばれています。

Topics トピックス

動物の性質を有する原生動物と多細胞動物

原生動物のゾウリムシは、巨大化した単細胞動物ですが、細胞小器官（食胞・収縮胞・繊毛など）を備えて動物の性質を持っています。

ミジンコ、メダカなどの多細胞動物は、多細胞化の過程で、器官（消化器・循環器など）が生まれ、動物の性質を持つようになっています。ただし、「器官の仕組み」は多様です。

ミジンコの心臓は、心室のみから構成されますが、メダカの心臓は、心房と心室から構成されます。ミジンコには１本の血管すら形成されませんが（解放血管系）、メダカには複雑な血管網が形成されています（閉鎖血管系）。そのため、メダカの血液の循環は、ミジンコに比べて効率的で高速です。しかし、体が小さなミジンコには、これで十分だと考えられます。

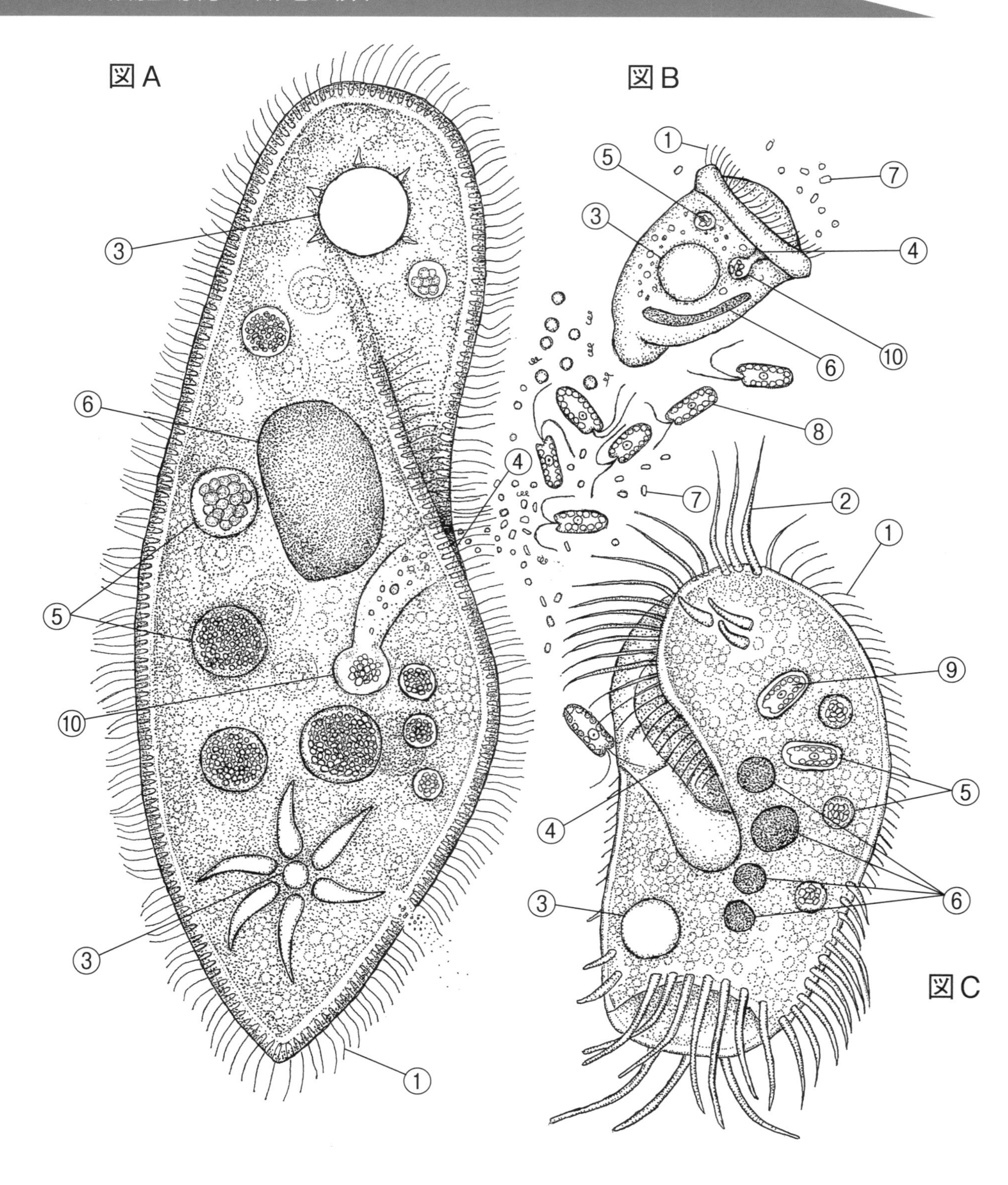
図A
③
⑥
④
⑤
⑩
③
①
図B
①
⑤
⑦
③
④
⑥
⑩
⑧
⑦
②
①
⑨
⑤
④
⑥
③
図C

図版２　繊毛虫類、細胞小器官が支える動物の性質（検鏡図）

図Aゾウリムシ，図B遊泳中のツリガネムシ，図Cトゲツメミズケムシ
①繊毛　②剛毛　③収縮胞　④口　⑤食胞　⑥核　⑦細菌　⑧キロモナス　⑨食胞中のキロモナス
⑩形成される食胞

《図版２　解 説》

ゾウリムシ、トゲツメミズケムシ、及びツリガネムシは、巨大細胞からなる単細胞動物です。細胞小器官（繊毛･口･核･収縮胞･食胞）を備えて、動物の性質を持っています。３者で検鏡した、動物の性質は次の通りです。

〔運動〕 ゾウリムシは、繊毛で泳ぎます（図A）。物に柄で付着しているツリガネムシは、柄を伸び縮みさせます。ときおり、物から離れて繊毛で泳ぎました（図B）。トゲツメミズケムシは、繊毛が束になった剛毛でシャカシャカとプレパラートのカバーガラス*の裏面を歩きます（図C）。

〔摂食〕 口の周りにある繊毛の運動により水流を起こして、口から細菌やキロモナスを細胞内に取り込みます。

〔消化・吸収〕 食胞（泡のようなもの）を形成し、取り込んだ細菌は、その中で消化・吸収されます（細胞内消化）。

〔排出〕 収縮胞の拍動により、余分の水分を排出します。

〔循環〕 原形質流動（細胞の中のゆっくりした流れ）により、食胞や細胞内の物質は循環します。

〔生殖〕 ２つに分裂して増殖します。ゾウリムシとトゲツメミズケムシは横に、ツリガネムシは縦に分裂しました。

以上、多細胞化しないで、細胞小器官によって動物の性質を身にまといます。

顕微鏡のイラスト

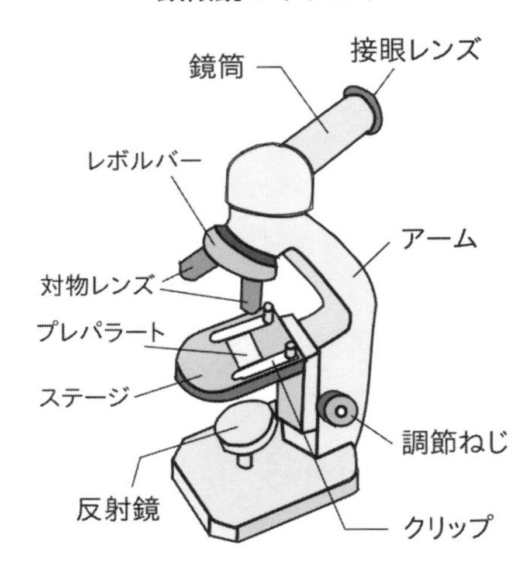

＊顕微鏡で微細物を見る場合、スライドガラスに対象のものを載せ、それをカバーガラスで挟むように押さえます。試料を挟み込んだものを「プレパラート」といいます（顕微鏡のイラスト参照）。スライドガラスには、対象物がつぶれないように凹みのあるもの（ホールスライドガラス）もあります。また、顕微鏡を使って観察することを検鏡といいます。

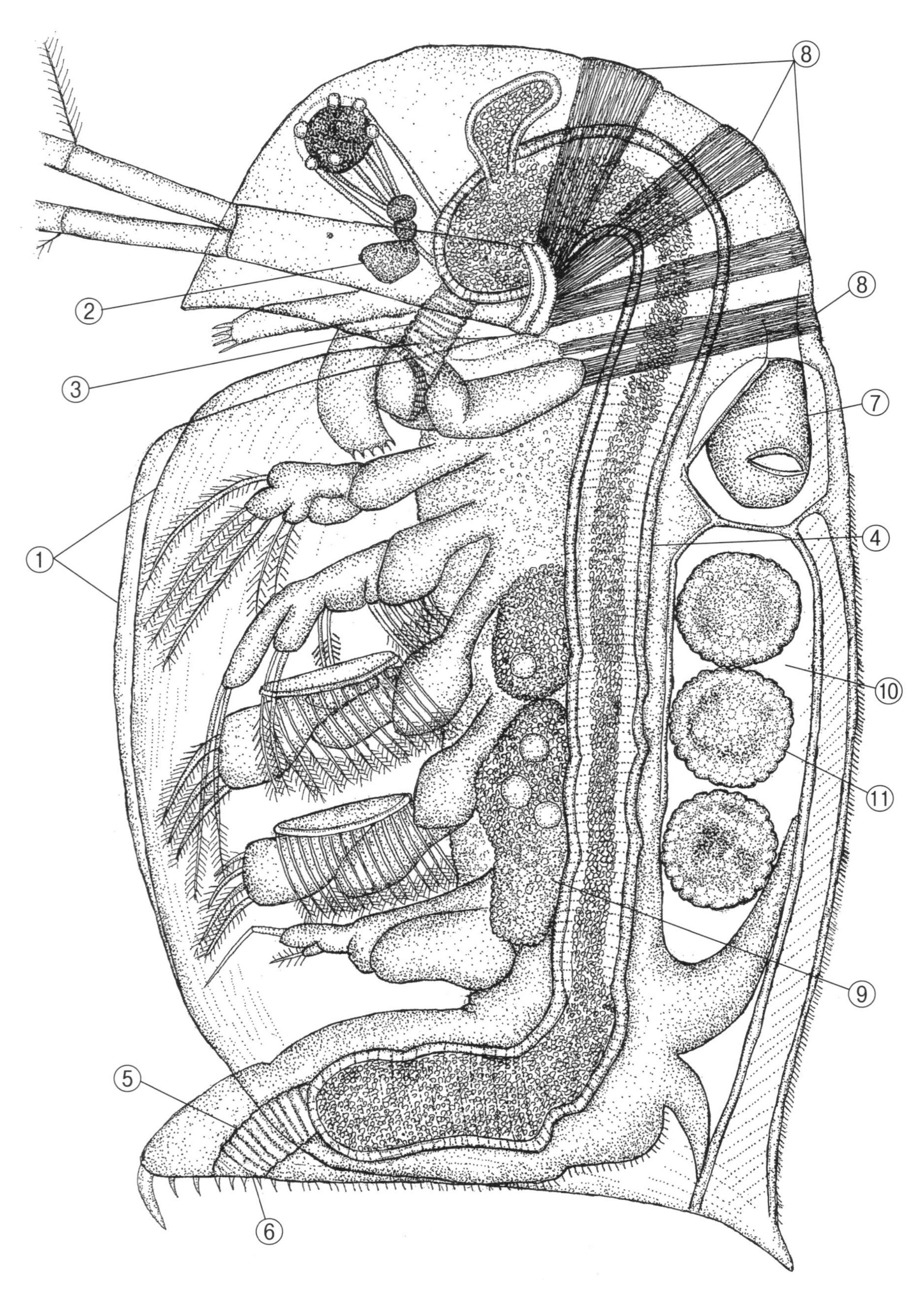

①
②
③
④
⑤
⑥
⑦
⑧
⑨
⑩
⑪

図版３　タイリクミジンコ、体長３mmの体に備わる器官（検鏡図）

①甲殻（こうかく）　②脳　③食道　④中腸　⑤直腸　⑥肛門　⑦心臓　⑧骨格筋　⑨卵巣
⑩育房（いくぼう）　⑪発生中の夏卵

《図版３　解 説》

多細胞動物の体には、細胞小器官に代わり器官が備わり、動物の性質を支えています。甲殻類・タイリクミジンコで検鏡した器官を、器官系ごとにまとめます。

〔付属肢〕 第１触角、第２触角、大顎（おおあご）、及び５対の胸肢から構成されます（図版４を参照）。

〔眼〕『水晶体を備える複眼』と『単眼』が１個ずつあります（図版４を参照）。

〔中枢神経〕 脳は、複眼に近接し、３つの部分から出来ています。

〔循環器〕 心臓は消化管の背側にありますが、血管は形成されていません。

〔消化器〕 消化管[注1]は真っすぐに近く、食道、中腸、直腸に大別されます。付属している消化腺は、ありません。

〔骨格筋〕 第２触角と大顎を動かすものは大きく、甲殻（堅い外皮）を足場にしています。

〔生殖器〕 環境が良いとミジンコは全て雌で、卵巣から卵黄の少ない夏卵を育房に排卵します。夏卵は、育房で単為発生（たんいはっせい）[注2]して子虫になり、体の後端から泳ぎ出ます。

（注１）消化管を形成し、その中で食物を消化する細胞外消化は、多細胞動物の特徴です。
（注２）卵が精子と受精することなく発生することです。

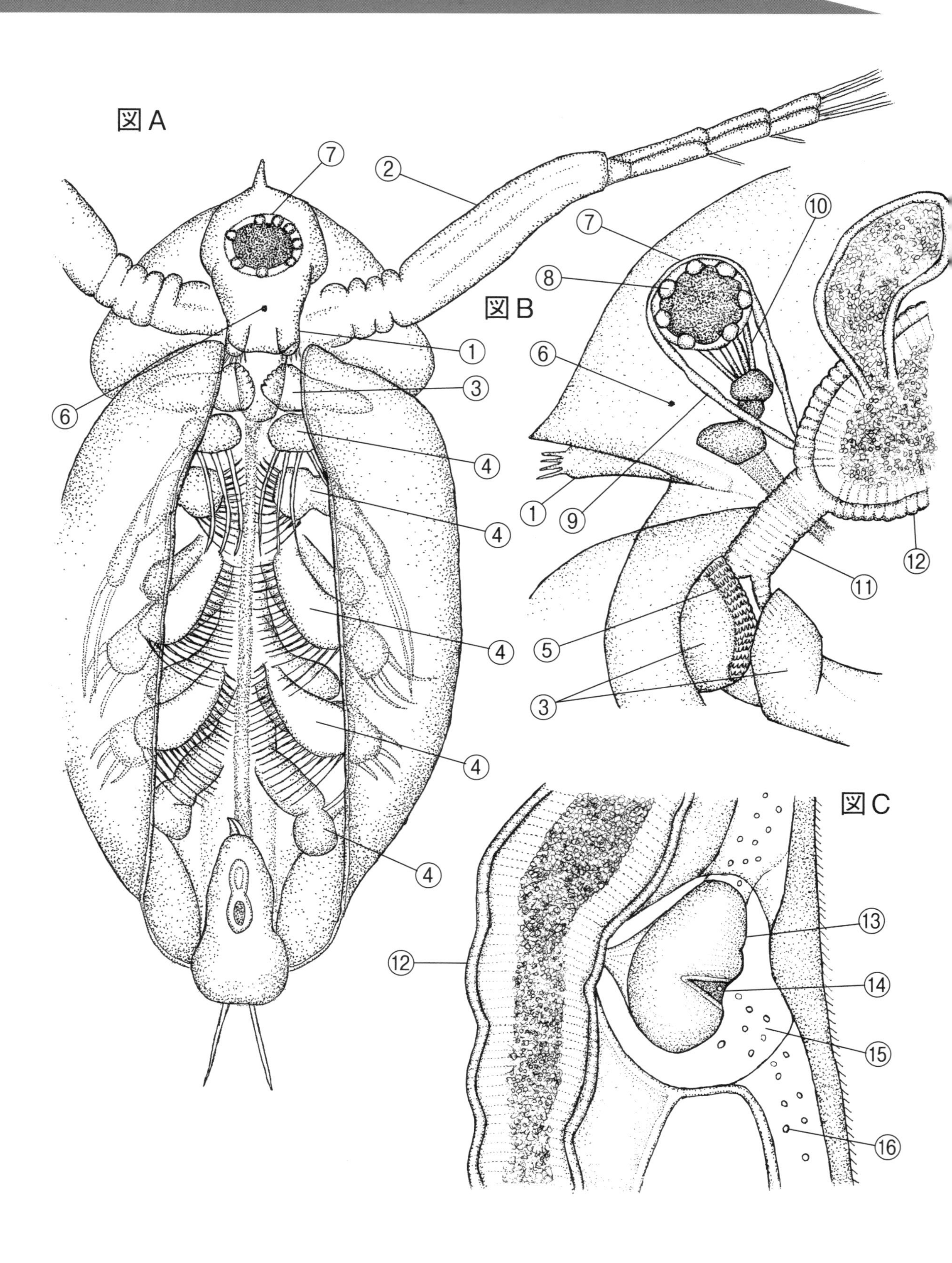
図A
①
②
③
④
④
④
④
④
⑥
⑦
図B
①
③
③
⑤
⑥
⑦
⑧
⑨
⑩
⑪
⑫
図C
⑫
⑬
⑭
⑮
⑯

図版４　タイリクミジンコ、主な器官の運動（検鏡図）

図Ａ付属肢による遊泳と摂食，図Ｂ「複眼の運動」「大顎による咀嚼（そしゃく)」，図Ｃ「心拍動と血流」「ぜん動」

①第１触角　②第２触角　③大顎（おおあご）　④胸肢　⑤咀嚼板　⑥単眼　⑦複眼　⑧水晶体
⑨動眼筋　⑩視神経束　⑪食道　⑫中腸　⑬心臓　⑭心門（しんもん）　⑮囲心腔　⑯血球

《図版４　解 説》

〔付属肢（図版23解説を参照）と運動〕

(1)　雌の第１触角は、退化的です。

(2)　第２触角は二股の大形肢で、振り上げた腕を振り下ろすようにして泳ぎます。

(3)　左右１対の大顎は「すりこぎ」に似た肢で、咀嚼板を備えて口に運ばれた食物を咀嚼（そしゃく）します。

(4)　５対の胸肢は、平たい肢（あし）で、たえず動かして、餌（植物プランクトン等）を掻（か）き寄せます（図Ａ，図Ｂ）。

〔複眼の運動〕 複眼には、多数の水晶体が付いています。付着した動眼筋によってクルクル回転して、ピントを合わせています。なお、複眼の末端から伸びる視神経束は脳につながります（図Ｂ）。

〔心拍動と血液循環〕 心臓[注3]は囲心腔[注4]（いしんこう）の中にあります。膨らんでは心門[注5]から血液を飲み込み、収縮しては別口から血液を吐き出します。吐き出された血液（血球）は、組織の隙間を自在に流れて元の囲心腔に戻ります（解放血管系）。血球は白血球のみで、心拍数はすごく多くて300回/分前後です（図Ｃ）。

〔消化管のぜん動〕 消化管の壁は『ぜん動（波のような運動)』して、食べたものを後方に送り続けています。最終的に不消化物は、肛門から排泄されます（図Ｃ）。

（注３）甲殻類の心臓は１つの心室から出来ています。そのため、心室と心臓は同じものを示しています。

（注４）心臓の周りの空間。ミジンコでは、血液がつまっています。

（注５）しんもん。甲殻類の心臓にある血液の流入口です。

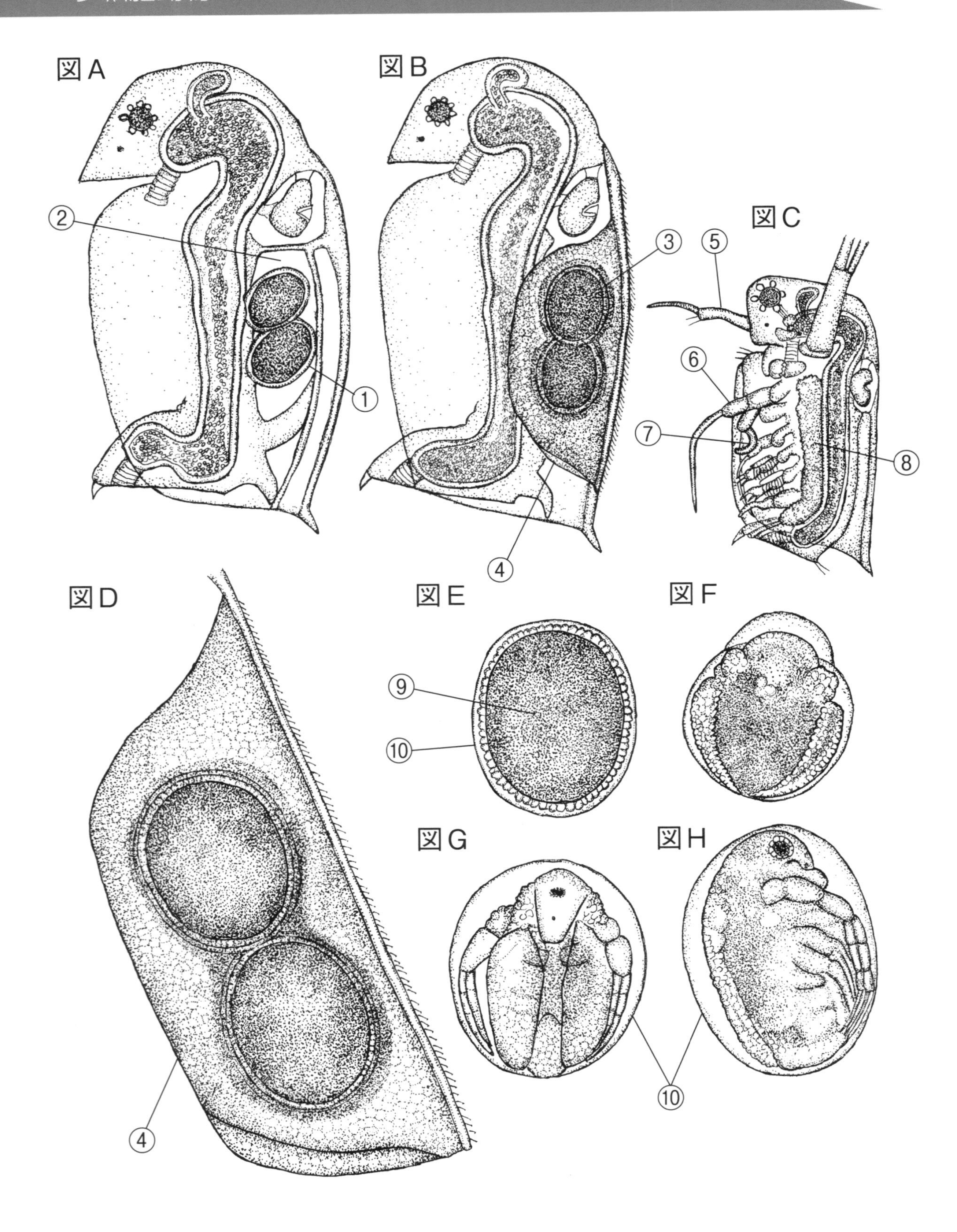
図A
②
①
図B
③
④
図C
⑤
⑥
⑦
⑧
図D
④
図E
⑨
⑩
図F
図G
図H
⑩

図版５　タイリクミジンコ、耐久卵（たいきゆうらん）の生成と発生（検鏡図）

図Ａ晩秋の雌の育房，図Ｂ耐久卵の形成，図Ｃ雄，図Ｄ産卵された耐久卵，図Ｅ休眠する耐久卵，図Ｆ～図Ｈ発生が再開した耐久卵

①冬卵　②育房（いくぼう）　③耐久卵　④さや　⑤第１触角　⑥第１胸肢　⑦鉤爪（かぎつめ）　⑧精巣　⑨卵黄　⑩卵膜

(注)図Ｅ～図Ｈは、さやを取って検鏡

《図版５　解 説》

９月から翌年の５月まで飼育して、次の生態を検鏡しました。

〔耐久卵〕 水温が低下した晩秋、雌は卵黄の多い冬卵を育房に排卵し、新たに出現した雄と交接します。受精した冬卵は殻に包まれて、「さやえんどう」に似た耐久卵になります。脱皮の際に耐久卵は、さやと一緒に体外に産卵されて、水底に堆積します（図Ａ～図Ｄ）。

〔雄の特徴と交接〕「雌より一回り体が小型」「吻部（ふんぶ）が平ら」「第１触角が突出する」「第１胸肢に鉤爪（かぎつめ）がある」というのが、雄の特徴です。雄は、「第１触角」と「第１胸肢の鉤爪」を使って雌を背後から抱くようにして交接します（図Ｃ）。

〔耐久卵の発生〕 耐久卵は､胞胚になると発生を停止して休眠します。乾燥させて冬の寒さに晒（さら）して、初春に水に戻すと休眠から目覚めて発生を再開します。胞胚は中央の卵黄とそれを包む１層の細胞から出来ています（図Ｅ）。発生が進むと細胞層が厚くなり、厚くなった細胞層から器官が形成されます（図Ｆ）。孵化間近になると、胚も大きくなり、卵膜の中で動き出します（図Ｇ，図Ｈ）。

『環境への適応』タイリクミジンコの生息する水田や沼は、低温や乾燥に晒（さら）されます。そのため、乾燥や低温への耐性のある耐久卵の形成は、次世代に命をつなぐためには必要不可欠です。なお、水に戻しても休眠したままの耐性卵もあります。このことは、環境が急変しても全滅を防ぐ生存戦略と考えられます。

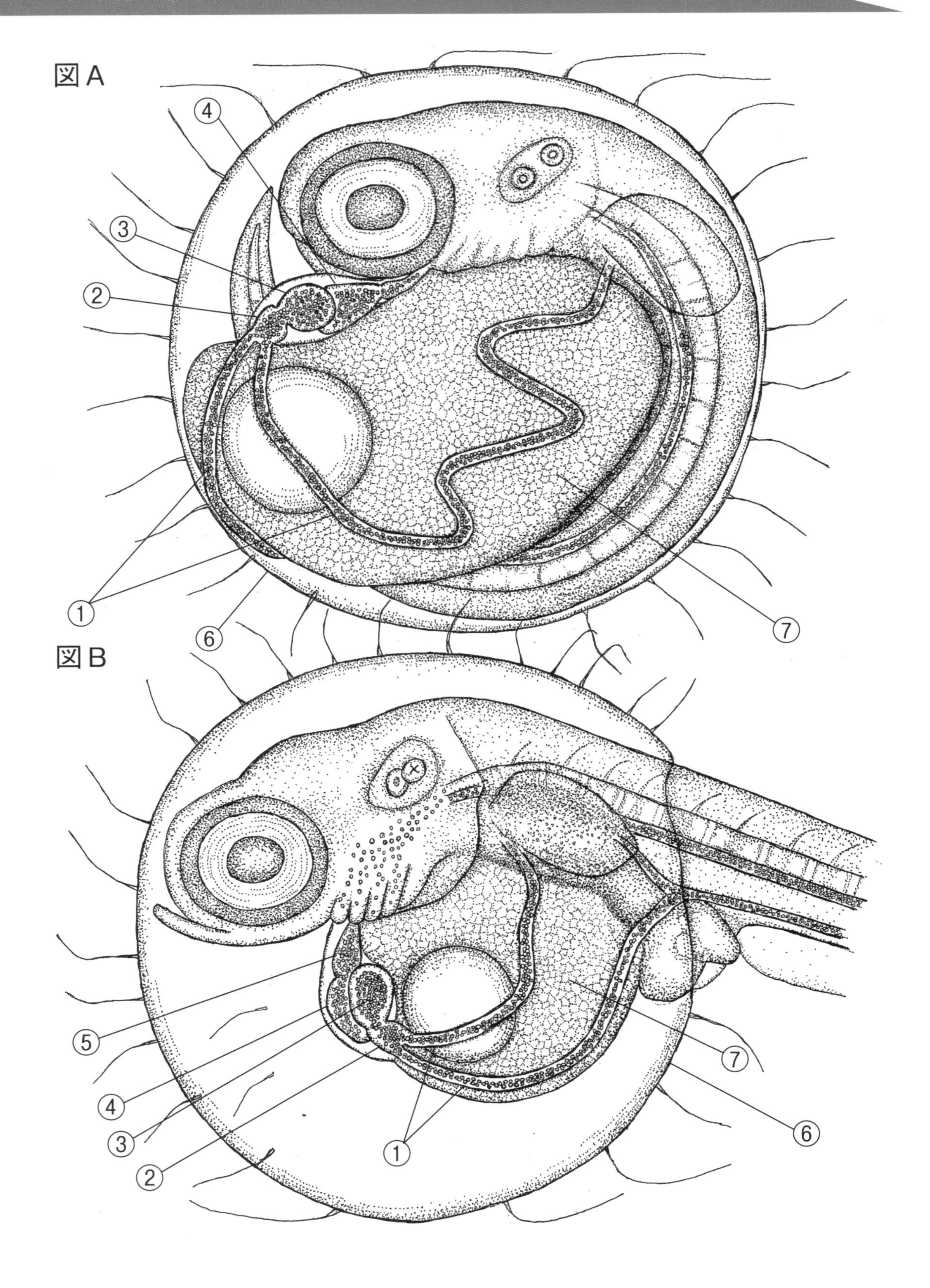
図A
④
③
②
①
⑥
⑦
図B
⑤
④
③
②
①
⑦
⑥

図版6　メダカ、胚で見る心拍動と血流（検鏡図）

（注）胚は、産卵させた卵を発生させて得る
図Aは産卵して7日経過した胚，図Bは孵化（ふか）直前の胚
①静脈　②静脈洞　③心房　④心室　⑤動脈球　⑥受精膜　⑦卵黄

《図版6　解 説》

図版の図Aと図Bから、発生が進み卵黄が小さくなると、心臓が後方に反転して、前後が逆になるのが分かります。

【観察の手順】

(1) 胚[注6]を材料に、心拍動と血流を顕微鏡で観察しました。次に、心拍数を測定しました（図版6）。
(2) 孵化した稚魚[注7]を材料に、心臓から出た血液が心臓に戻るまでの循環経路を顕微鏡で覗いてたどりました（図版7）。

〔胚〕 受精膜に包まれています。胚の腹側には、養分に成る大きな卵黄が付いています。眼球が完成するころになると、消化器などに先駆けて心臓と血管ができているのは不思議です。

〔心拍動〕 心臓は、静脈洞（じょうみゃくどう）・心房・心室、及び動脈球より構成され、その働きは、血液を送り出すポンプです。心拍数は150回/分前後で、ヒトのそれの約2倍です。心房と心室が、休みなく収縮と弛緩を繰り返しています。ただし、両者の間では、少しずれています。

〔血流〕 卵黄の表面の静脈では、砂粒のような無数の赤色の赤血球が、高速で切れ目なく1方向に流れ、静脈洞を経由して心房に吸い込まれていきます。1～2秒で体を循環できるのではないかと思えるぐらいの高速です。

（注6）心臓が完成するのに日数が必要です。そのため、観察に使う胚は、産卵して7日経過したものを使いました。受精卵から、稚魚が孵化（ふか）するまでの時期を「胚」といいます。

（注7）稚魚は動くため、検鏡する際には麻酔をかけます。著者は、薬剤の代わりに氷水に浸けて麻酔しました。

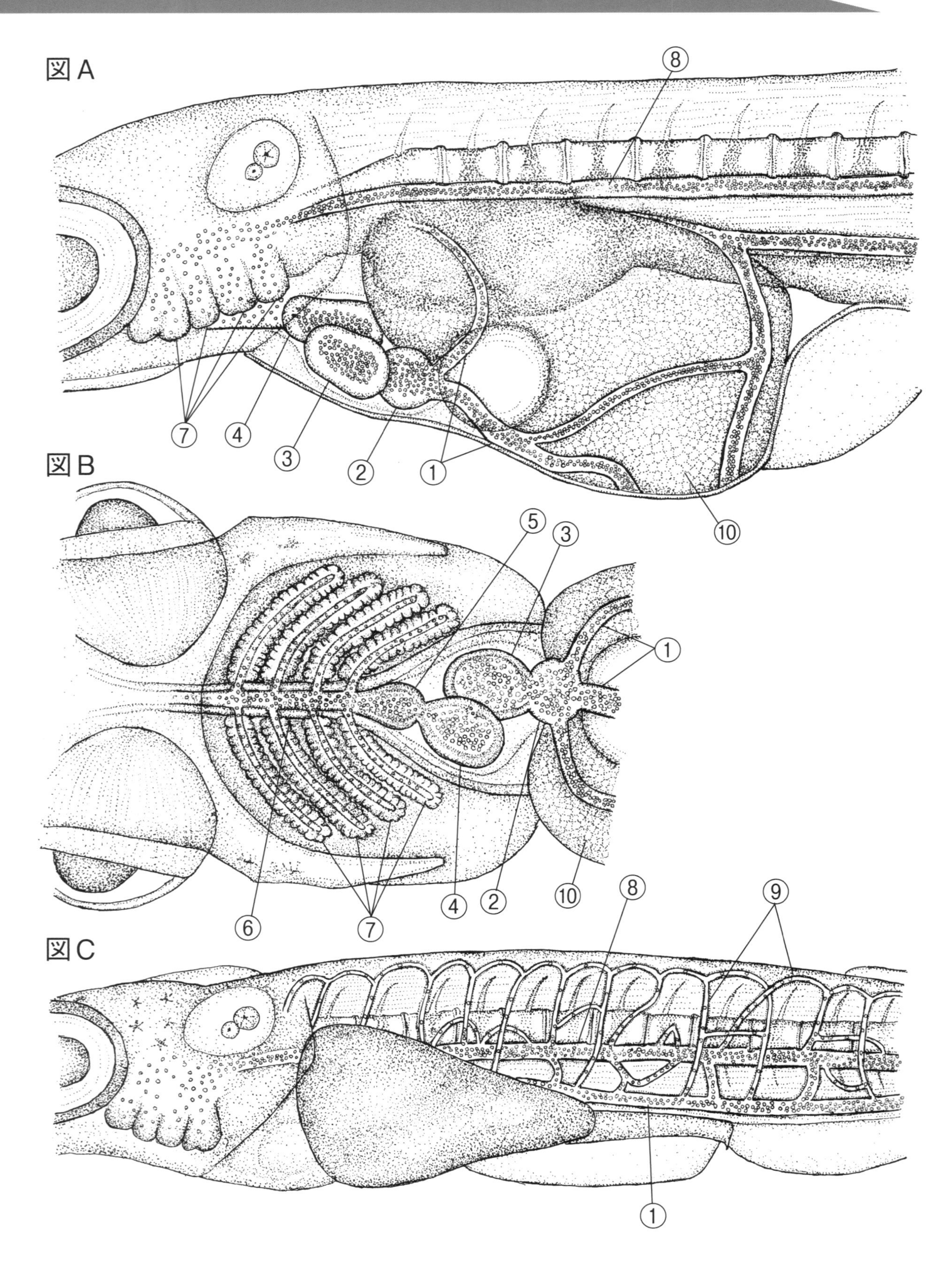
図A
⑧
⑦
④
③
②
①
図B
⑤
③
①
⑩
⑥
⑦
④
②
⑩
⑧
⑨
図C
①

図版７　メダカ、稚魚で見る血液の循環経路（検鏡図）

図Ａ孵化直後の稚魚（側面），図Ｂ同腹面，図Ｃ血管網が形成された稚魚（側面）
①静脈　②静脈洞　③心房　④心室　⑤動脈球　⑥腹側大動脈　⑦鰓　⑧背側大動脈　⑨細い血管
⑩卵黄
（注）稚魚は、胚を孵化（ふか）させて検鏡する。

《図版７　解 説》

〔孵化直後の稚魚側面〕 心臓から押し出された血液は、鰓（えら）を経由した後、背側大動脈（はいそくだいどうみゃく）により体の末端にまで送られます。その後、静脈に拾われて心臓に戻って来ます（図Ａ）。

〔孵化直後の稚魚腹面〕 心臓を構成する静脈洞・心房・心室・動脈球はもちろん，動脈球につながる腹側大動脈（ふくそくだいどうみゃく），心房につながる静脈が一望できるため、次の(1)〜(4)に示す心臓のポンプとしての働きと血液の流れが良く分かります（図Ｂ）。

(1)　心房が拡がり静脈から血液が、静脈洞を経由して心房に流入します。
(2)　心房が収縮し心室が拡がり、心房の血液が心室に流れ込みます。
(3)　心室が収縮し、その中の血液が動脈球から押し出されます。
(4)　押し出された血液は、腹側大動脈を経由して左右４対の鰓に流れ込みます。

〔孵化後２〜３日経過した稚魚側面〕 無数の細い血管が背側大動脈から分枝し、網の目のような血管網を形成します。分岐した細い血管[注８]は最終的には静脈に繋がり、脊椎動物が閉鎖血管系（へいさけっかんけい）[注９]であることが分かります（図Ｃ）。

（注８）小動脈と毛細血管の区別がつかないので、細い血管と記述しました。
（注９）心臓を出た血液が、血管外に流れ出ることなく体の各部をまわって、再び心臓に戻って来る血管系です。

第2章
水生の脊椎動物、硬骨魚類
（図版8～図版14）

《概要》水生の硬骨魚類が、生息条件に対応してどのように進化しているかを観察しました。

【この章でスケッチした動物のプロフィール】

４．マアジ：脊椎動物門・硬骨魚類

アジといえば本種を指します。回遊するグループと定着性のグループが混在します。体の割に頭部が大きく、骨格も丈夫です。そのため、鰓や内臓はもちろん、中軸骨格、及び脳・脊髄の観察にも適しています。食性は下段の５.のマイワシと同じ濾過食性です。

５．マイワシ：脊椎動物門・硬骨魚類

大群で明るい沿岸の表層を回遊します。海中の植物プランクトンを網目のような鰓篩（さいし）で濾（こ）し取って食べる濾過食性（ろかしょくせい）で、密生した長い鰓篩をもつのが本種の特徴です。海の食物連鎖では下位に属し、カサゴは天敵のひとつです。

６．カサゴ：脊椎動物門・硬骨魚類

代表的な定着魚です。暗い岩間に生息して、遊泳は殆どしません。動物食性で、甲殻類や小魚を大きな口で捕食します。生態的地位は、マイワシと対照的です。

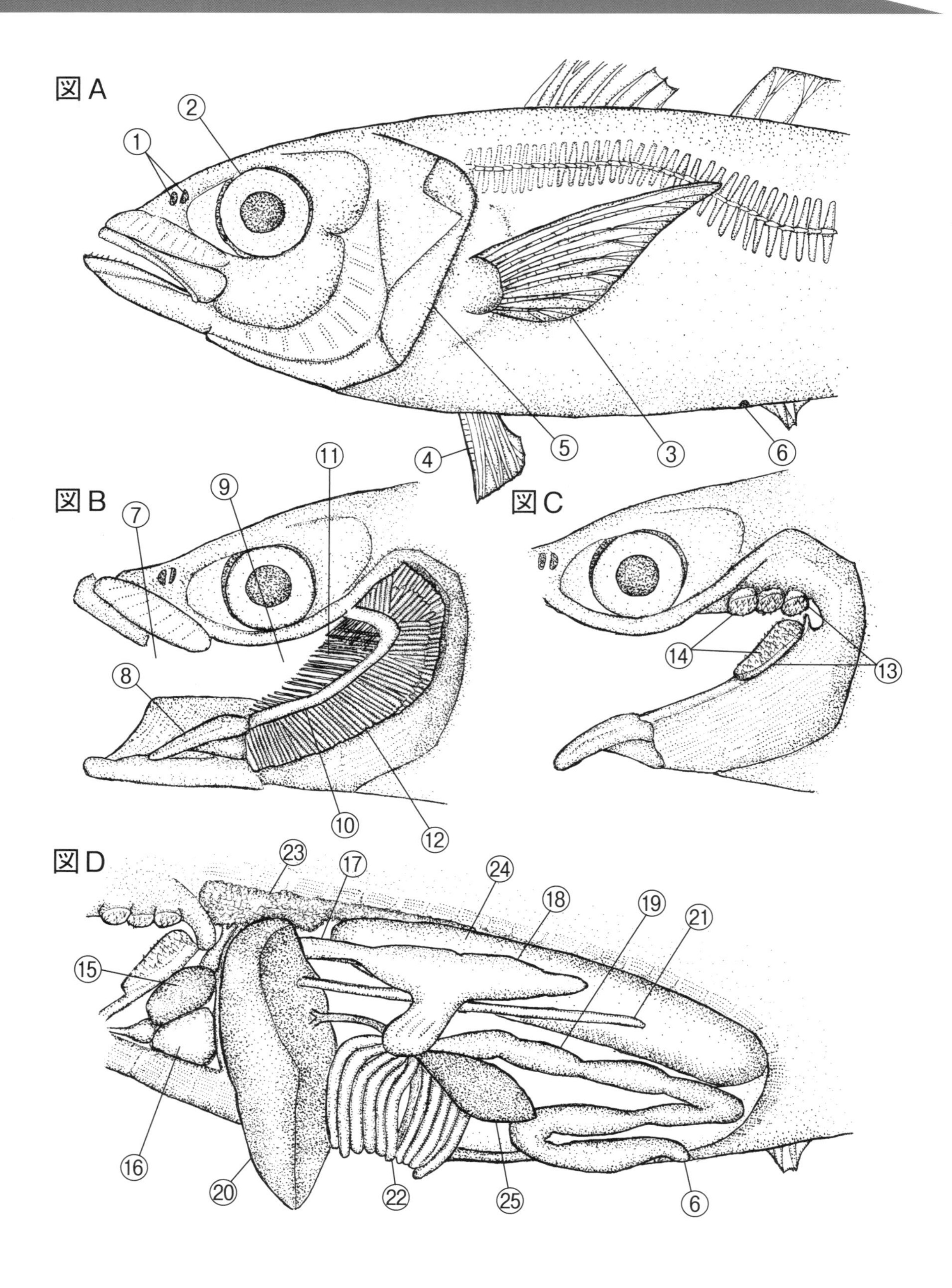
図A
①
②
③
④
⑤
⑥
図B
⑦
⑧
⑨
⑩
⑪
⑫
図C
⑬
⑭
図D
⑮
⑯
⑰
⑱
⑲
⑳
㉑
㉒
㉓
㉔
㉕
⑥

図版８　マアジ、硬骨魚類の外部と内部

図Ａ外部，図Ｂ咽頭を囲む鰓（えら），図Ｃ咽頭に付く咽頭骨，図Ｄ内部器官
①外鼻孔　②眼　③胸鰭　④腹鰭　⑤鰓蓋後縁　⑥肛門　⑦口腔　⑧舌　⑨咽頭　⑩鰓弓　⑪鰓篩
⑫鰓弁　⑬咽頭骨　⑭咽頭歯　⑮心房　⑯心室　⑰食道　⑱胃　⑲腸　⑳肝臓　㉑胆のう　㉒幽門垂
㉓腎臓　㉔鰾（うきぶくろ）　㉕脾臓（ひぞう）

《図版８　解 説》

〔外部〕 体は、頭部、胴部〔鰓蓋（さいがい）の後縁から肛門まで〕、尾部より構成されます。頭部には、顎（あご）や感覚器、胴部には、前肢（ぜんし）に当たる胸鰭（むなびれ）、後肢（こうし）に当たる腹鰭（はらびれ）が付いています[注10]。以上の外部の仕組みは、脊椎動物として哺乳類とも共通します。ただし、「遊泳に使う巨大な尾部」「流線型の体」「鰭（ひれ）になった肢（あし）」「瞼（まぶた）のない眼」「外耳道（耳孔）や鼓膜のない、内耳のみの耳」「口につながらない左右２対の外鼻孔（鼻の穴）」等は、魚類固有のもので水中生活に支障はなく、むしろ適応しています（図Ａ，図版11参照）。

眼球の構造は、ヒトのものと共通しています。ただし、球形の水晶体は魚類特有のもので、近くのものがよく見えるため、透明度の低い水中での生活に適しています。

〔咽頭の器官〕 口腔（こうこう）に咽頭（いんとう）が続き、その奥に食道の入口が開きます。咽頭の側面は、左右４対の鰓（えら）が囲み、その上下には咽頭歯が密生する咽頭骨が付いています。鰓は、鰓を支える鰓弓（さいきゅう）、鰓弓から前方に突き出る鰓篩（さいし）、鰓弓に垂れ下がる鰓弁から構成されます。口から流入した海水は、鰓を洗い、鰓蓋の後縁から流出します。その際、箒（ほうき）に似た鰓篩で微小なプランクトンを濾（こ）し取り、鰓弁（さいべん）で呼吸（ガス交換*）します（図Ｂ，図Ｃ）。

〔内部器官〕 胴部の腹側には、内部器官を入れる空洞（体腔）が形成されます。体腔は、壁で胸腔と腹腔に分けられます（図版11参照）。それぞれに収納される内部器官、及びその仕組みは次の通りです。

⑴　**胸腔**　心臓は、静脈洞（じょうみゃくどう）、心房、心室、及び動脈球より構成されます（図Ｄ）。

⑵　**腹腔**　消化管は食道と胃、及び腸に区別され、消化腺として肝臓・胆のう・すい臓、及び幽門垂（ゆうもんすい）が付きます。胆（たん）のうは棒状で、緑色の胆汁を蓄えます。幽門垂は房状で、海産硬骨魚類に固有の器官です。すい臓は器官としてまとまらないで、組織が散らばります。腎臓は黒赤色の細長い排出器で、大動脈や静脈ともども、脊柱腹面に張り付いています。さらに、腎臓の腹側には、鰾（うきぶくろ）[注11]が拡がります。脾臓（ひぞう）[注12]はリンパ系で、赤色のクサビ形をしています（図Ｄ）。

以上、内部器官の構成と配置、及び仕組みは、肺が鰾に進化する他は、哺乳類のものともよく似ています。

（注10）学術的には、前肢と相同は胸鰭の基部の骨（肩帯）で、後肢と相同は腹鰭の基部の骨（腰帯）です。
（注11）硬骨魚類固有の器官で比重調節をします。有肺魚類の肺から進化したと考えられています。
（注12）古くなった赤血球を壊します。リンパ球や抗体をつくり免疫に関与します。血液成分を貯蔵する等の働きをします。
＊ガス交換とは、外呼吸のことです。外界と酸素や二酸化炭素の交換を行うことから、生物学ではこのように表現されます。

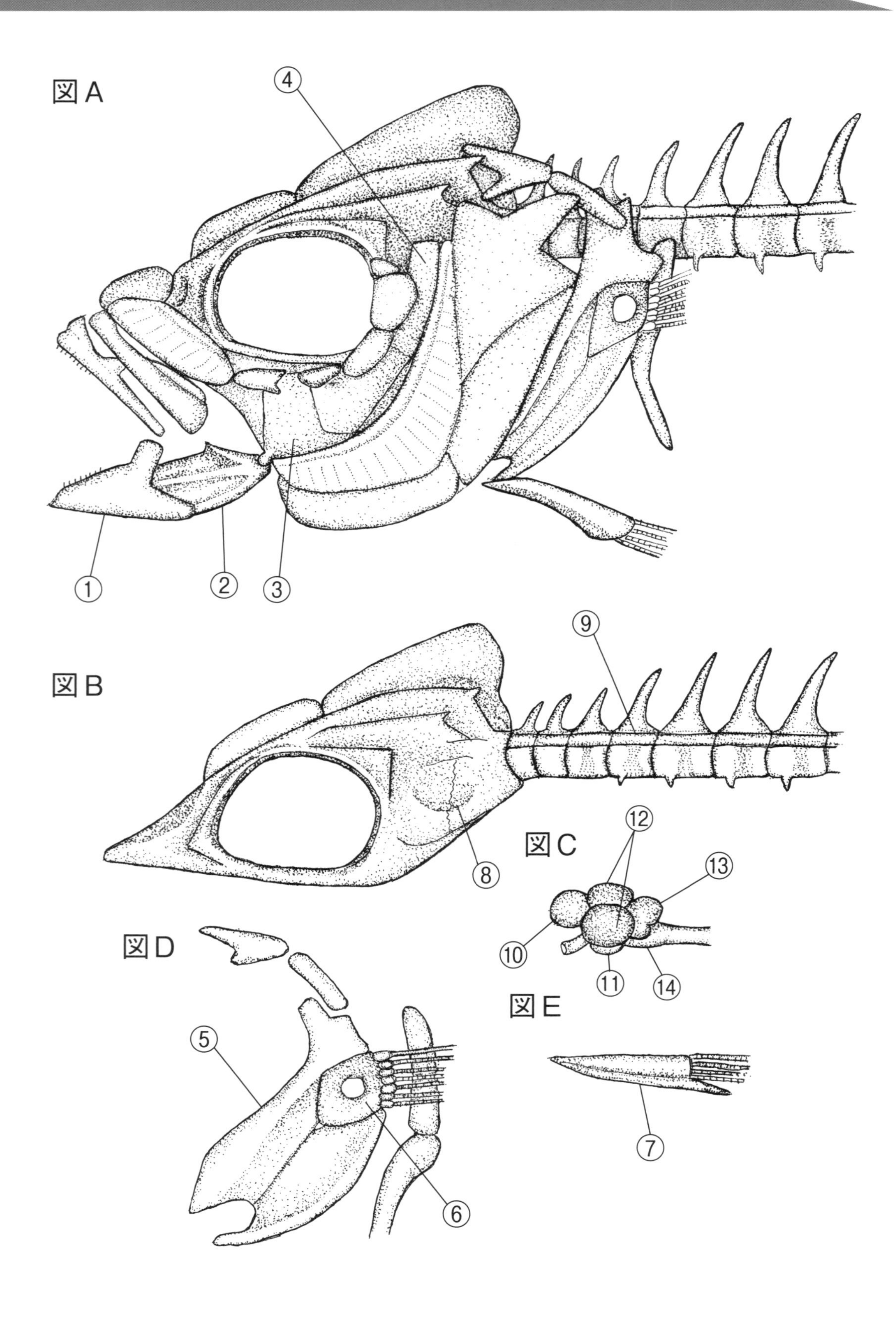
図A
④
①
②
③
図B
⑨
⑧
図C
⑫
⑬
⑩
⑪
⑭
図D
⑤
⑥
図E
⑦

図版９　マアジ、硬骨魚類の中軸骨格と脳

図Ａ中軸骨格，図Ｂ脳頭蓋と脊柱（せきちゆう），図Ｃ脳，図Ｄ肩帯（けんたい），図Ｅ腰帯（ようたい）

①歯骨　②関節骨　③方形骨　④舌顎骨　⑤鎖骨　⑥肩甲骨　⑦骨盤骨　⑧内耳　⑨脊髄　⑩大脳　⑪間脳　⑫中脳　⑬小脳　⑭延髄

図版の詳細

(1)　皮膚と筋肉を取り除き、露出した中軸骨格（図Ａ）。

(2)　顔面頭蓋、肩帯、腰帯を取り外して露出した脳頭蓋と脊柱（図Ｂ）。

(3)　脳頭蓋を壊して取り出した脳（図Ｃ）。

(4)　取り外した肩帯（図Ｄ）と腰帯（図Ｅ）。

※頭蓋骨とは、脳頭蓋を構成する骨。

《図版９　解 説》

脊柱全形図は図版11を参照

〔中軸骨格〕頭骨、脊柱（せきちゅう）、前肢骨（ぜんしこつ）、後肢骨から出来るのは、哺乳類と共通します。ただし、魚類の前肢骨は肩帯（けんたい）を残し、後肢骨は腰帯（ようたい）を残して消失します。肩帯は、胸鰭の基部にあり、鎖骨（さこつ）や肩甲骨（けんこうこつ）等から構成されます。腰帯は、腹鰭の基部にあり、骨盤骨（こつばんこつ）より構成されます（図Ａ，図Ｄ，図Ｅ）。

〔脳頭蓋と脊柱〕頭骨は、口腔・咽頭を囲む顔面頭蓋（がんめんとうがい）と脳・感覚器を収める脳頭蓋（のうとうがい）から構成されています。頭骨から顔面頭蓋を取り外すと、脳頭蓋が出現します。硬骨魚類の脳頭蓋には、眼球を収める眼窩は形成されますが、鼻腔は形成されていません。さらに、構成する頭蓋骨の結合が弱いため、容易に解体できます。脊柱は多数の椎骨（ついこつ）が連結した管で、その中を脊髄が貫通します。さらに、硬骨魚類の脊柱は、一直線で幅が広く、「くの字」に曲がります。これを尾鰭と一緒に左右に振って泳ぎます（図Ｂ，図版11参照）。

〔脳〕大脳、間脳、中脳、小脳、及び延髄より構成されるのは、哺乳類のものとも共通します。ただし、各脳の大きさが同じぐらいで、大脳化[注13]は、見られません（図Ｃ）。

（注13）大脳が、他の脳に比べて極めて大きくなる現象です。

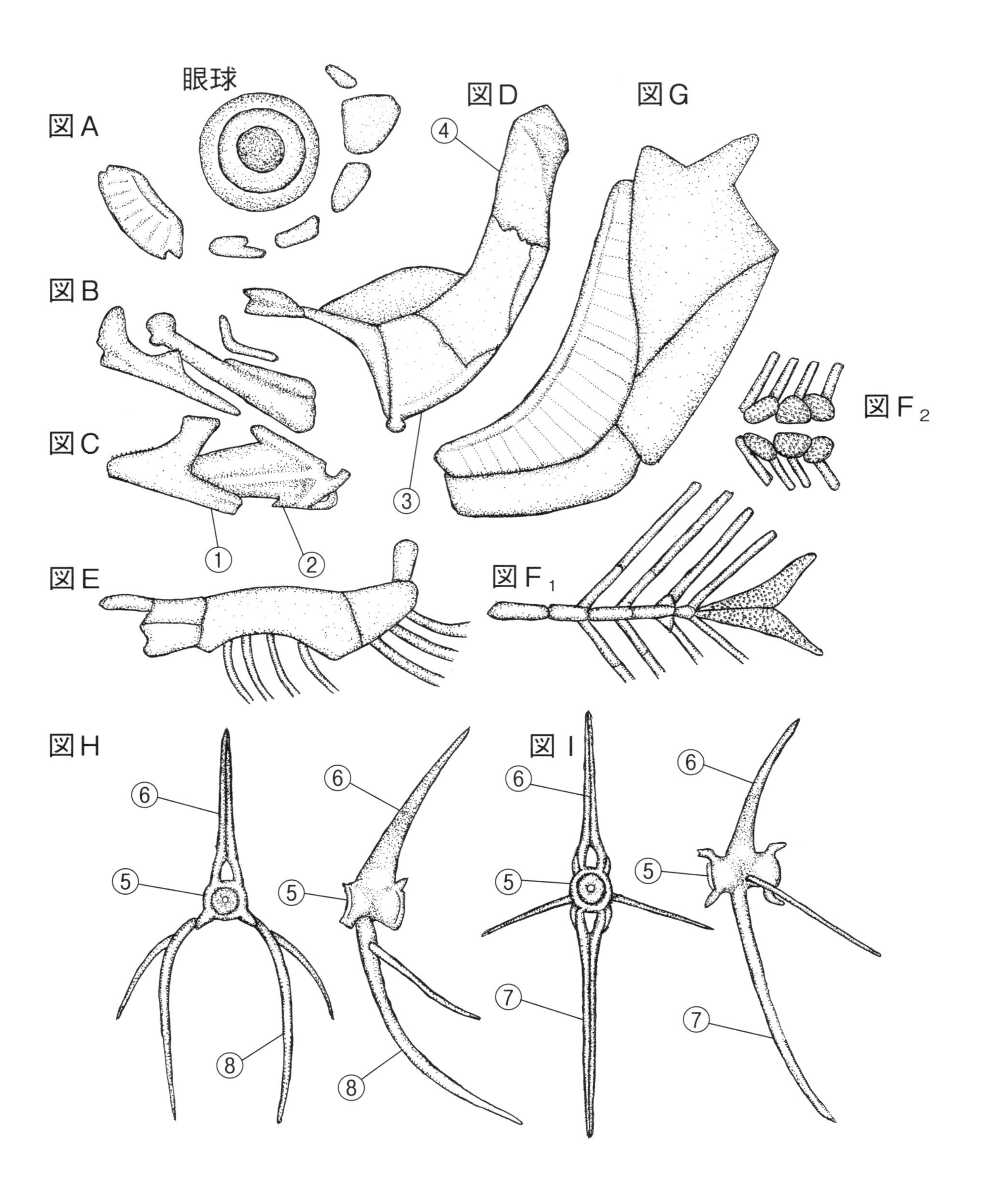
眼球
図A
図B
図C
図D
図E
図F1
図F2
図G
図H
図I
①
②
③
④
⑤
⑥
⑦
⑧

図版10　マアジ、硬骨魚類の顔面頭蓋と椎骨（ついこつ）

図Ａ囲眼部，図Ｂ上顎，図Ｃ下顎，図Ｄ口蓋（こうがい），図Ｅ舌弓（ぜつきゅう），図$Ｆ_1$鰓弓（下側），図$Ｆ_2$鰓弓（上側），図Ｇ鰓蓋（さいがい），図Ｈ腹椎骨（ふくついこつ），図Ｉ尾椎骨

①歯骨　②関節骨　③方形骨　④舌顎骨　⑤椎体　⑥神経棘　⑦血管棘　⑧肋骨（ろっこつ）

図版の詳細

⑴　パートごとに分けた顔面頭蓋（図Ａ～図Ｇ）

⑵　脊柱を割って取り出した椎骨（図Ｈ，図Ｉ）

※顔面骨とは、顔面頭蓋を構成する骨。

《図版10　解 説》

脊柱全形図は図版11を参照

〔顔面骨と耳小骨〕顔面頭蓋は、囲眼部（いがんぶ）、上顎、下顎、口蓋（こうがい）、舌弓、鰓弓、及び鰓蓋から構成されています。「下顎の関節骨」と「口蓋の方形骨」により、顎関節が形成されます。関節骨と方形骨、及び舌顎骨（ぜつがくこつ）は、下顎の振動を脳頭蓋に伝える経路にある顔面骨（図版９図Ａ）で、哺乳類の耳小骨３骨の起源です。すなわち、進化の過程で３骨は耳の中に移動し、舌顎骨から鐙骨（あぶみこつ）が、方形骨から砧骨（きぬたこつ）が、関節骨から槌骨（つちこつ）が生れました（図Ａ～図Ｇ）。

〔椎骨〕この骨が、繰り返し連結して脊柱ができます。短い円筒形の椎体（ついたい）とアーチ状の棘突起（きょくとっき）より出来ます。背側の棘突起（神経棘）は、脊髄の通り道を覆い、腹側の棘突起（血管棘）は、血管の通り道を覆います。ただし、腹側に棘突起ができるのは、尾部にある尾椎骨だけです（図版11図Ｂ）。椎体と棘突起は、体を支え、かつ、遊泳に使う体側筋の足場になります。さらに、胴部の腹椎骨には、内臓を守るための肋骨が付属します（図Ｈ，図Ｉ）。

Coffee Break　コーヒーブレイク　タイム

哺乳類の腹部には、肋骨（ろっこつ）が消失しています。肋骨があるとどんな不都合がありますか。ちょっと考えてみてください。

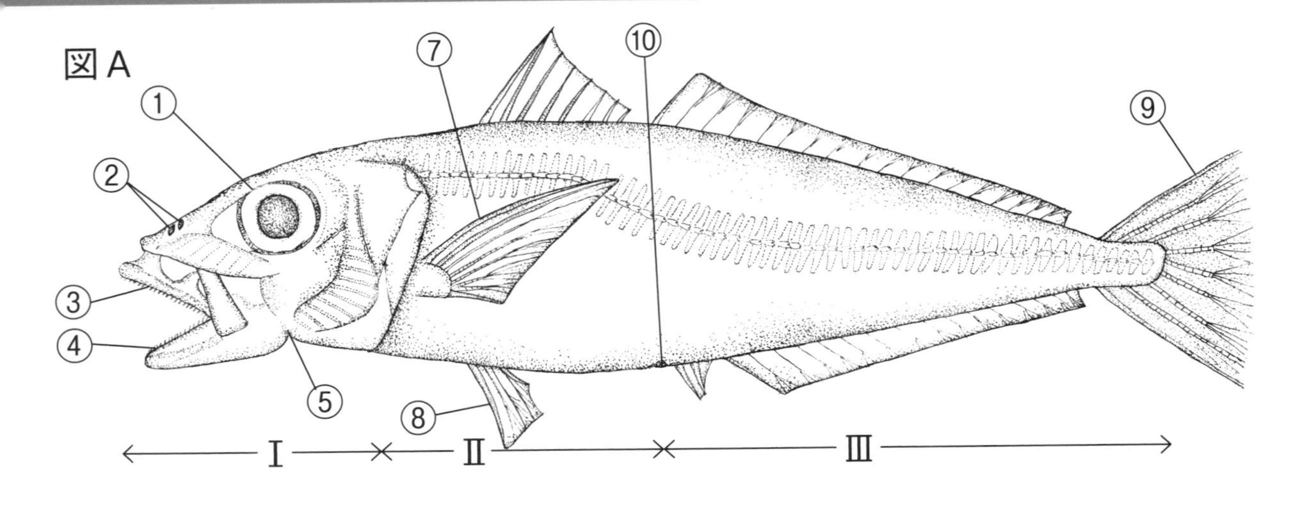
図A
①
②
③
④
⑤
⑦
⑧
⑨
⑩
Ⅰ
Ⅱ
Ⅲ

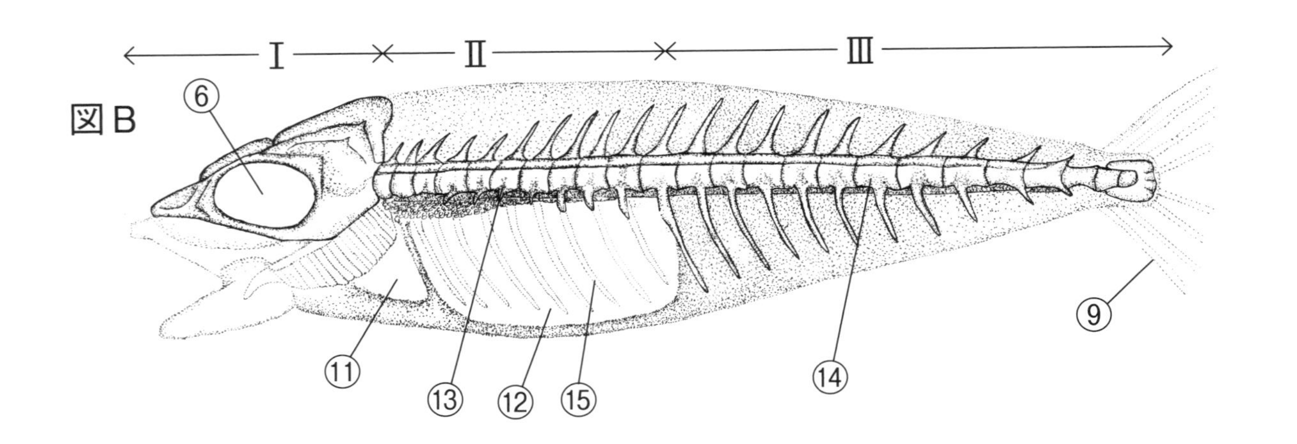
図B
Ⅰ
Ⅱ
Ⅲ
⑥
⑨
⑪
⑫
⑬
⑭
⑮

図版11　マアジ、外部・脊柱・体腔の全体

図A外部，図B脊柱と体腔

Ⅰ頭部　Ⅱ胴部　Ⅲ尾部

①眼　②外鼻孔　③上顎　④下顎　⑤顎関節　⑥眼窩　⑦胸鰭　⑧腹鰭　⑨尾鰭　⑩肛門　⑪胸腔
⑫腹腔　⑬腹椎骨　⑭尾椎骨　⑮肋骨（ろっこつ）

《図版11　解 説》

「外部の尾部」、「脊柱の尾椎」、及び体腔を描きました。

〔尾部〕体のつくりは哺乳類と共通していますが、尾部の大きさは際立っています。体の半分近くを占め、後端には尾鰭を付けて遊泳運動の要になります（図A）。

〔脊柱〕脊椎動物の脊柱（せきちゅう）は、胴部の腹椎（ふくつい）と尾部の尾椎（びつい）に大別されます。その内、硬骨魚類では尾椎が大きく発達します。尾椎を構成するのが尾椎骨です。尾椎骨は、背側は、もちろんのこと腹側にも長大な棘突起を出します。そのため、尾椎は棒状ではなく、幅の広い帯状になっています。これは、硬骨魚類固有の特徴です。尾椎骨を体側筋が引っ張り、尾椎を左右に振って遊泳する様子が想像できます（図B）。

〔体腔〕体腔は、胴部の腹側にあります。これは、哺乳類のヒトとも共通します。ただし、鰓呼吸するために肺を持たない魚類では、心臓だけが入る胸腔は小さい空洞です。それに反して、臓器を入れる腹腔は肋骨（ろっこつ）によって囲まれた大きい空洞です。胸腔と腹腔は、壁で仕切られています。哺乳類の場合この壁が、筋肉性の横隔膜です。また、哺乳類では、腹腔を囲む肋骨は消失しています。これは、主に呼吸運動の効率を上げるためと考えられています（図B）[注14]。

(注14)腹部の肋骨を失うことで、胸部の肋骨はまとまり自在に動く胸郭（きょうかく）を形成します。哺乳類は、胸郭と横隔膜の上げ下げによって呼吸運動を行います。

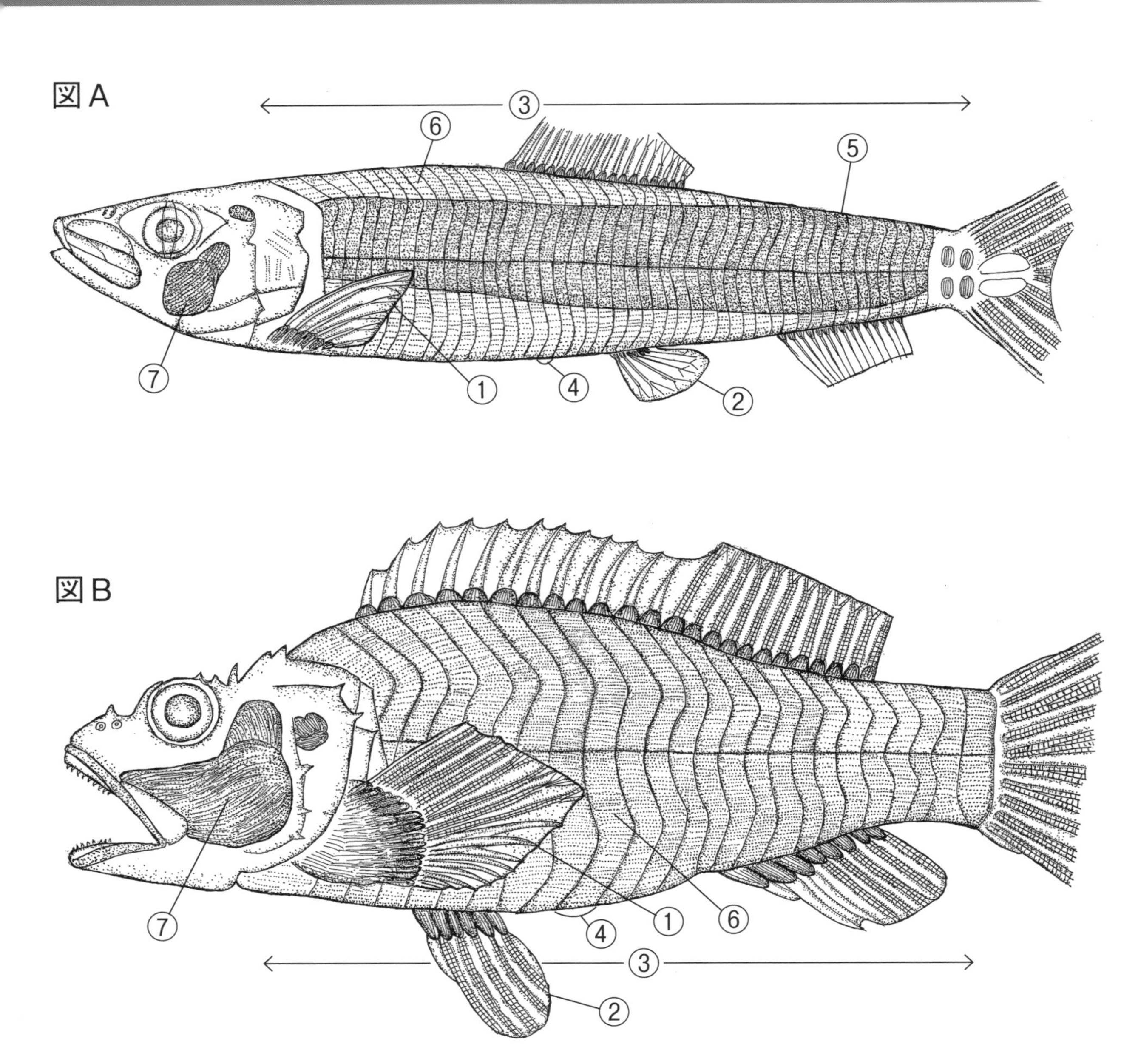
図A
③
⑥
⑤
⑦
①
④
②
図B
⑦
④
①
⑥
③
②

図版12　マイワシとカサゴ、体形・鰭（ひれ）・骨格筋を比べる

図Aマイワシ（回遊する硬骨魚類），図Bカサゴ（定着する硬骨魚類）
①胸鰭　②腹鰭　③体側筋（たいそくきん）　④筋節　⑤赤色筋　⑥白色筋　⑦咬筋（こうきん）

《図版12　解 説》

〔体形と鰭〕マイワシは紡錘形（ぼうすいけい）で胸鰭と腹鰭が体の割に小さいため、水の抵抗が少なく、回遊するのに適います。一方、カサゴは側偏平で胸鰭と腹鰭が体の割に大きいため、水の抵抗を受けやすいが、方向転換が容易で岩間を泳ぐのに適います。

〔骨格筋〕

(1)**体側筋**　硬骨魚類の骨格筋の大半を占める筋肉で、この筋肉の伸縮で脊柱と尾鰭を左右に振って泳ぎます。多数の筋節の繰り返し構造で、白色筋（普通筋）と赤色筋（血合筋）より構成されます。マイワシの体側筋は、大半が赤色筋であるのに対して、カサゴの体側筋には、赤色筋が殆ど見当たりません。赤色筋の収縮力は、白色筋に比べて劣りますが、連続的な収縮でも疲労しません。そのため、マイワシは連続的な遊泳運動（回遊）に、カサゴは瞬発的な遊泳運動に適います。

(2)**咬筋**　噛（か）むために下顎を動かす筋肉です。濾過食性（ろかしょくせい）のマイワシでは未発達ですが、小魚を捕らえる動物食性のカサゴでは発達します。

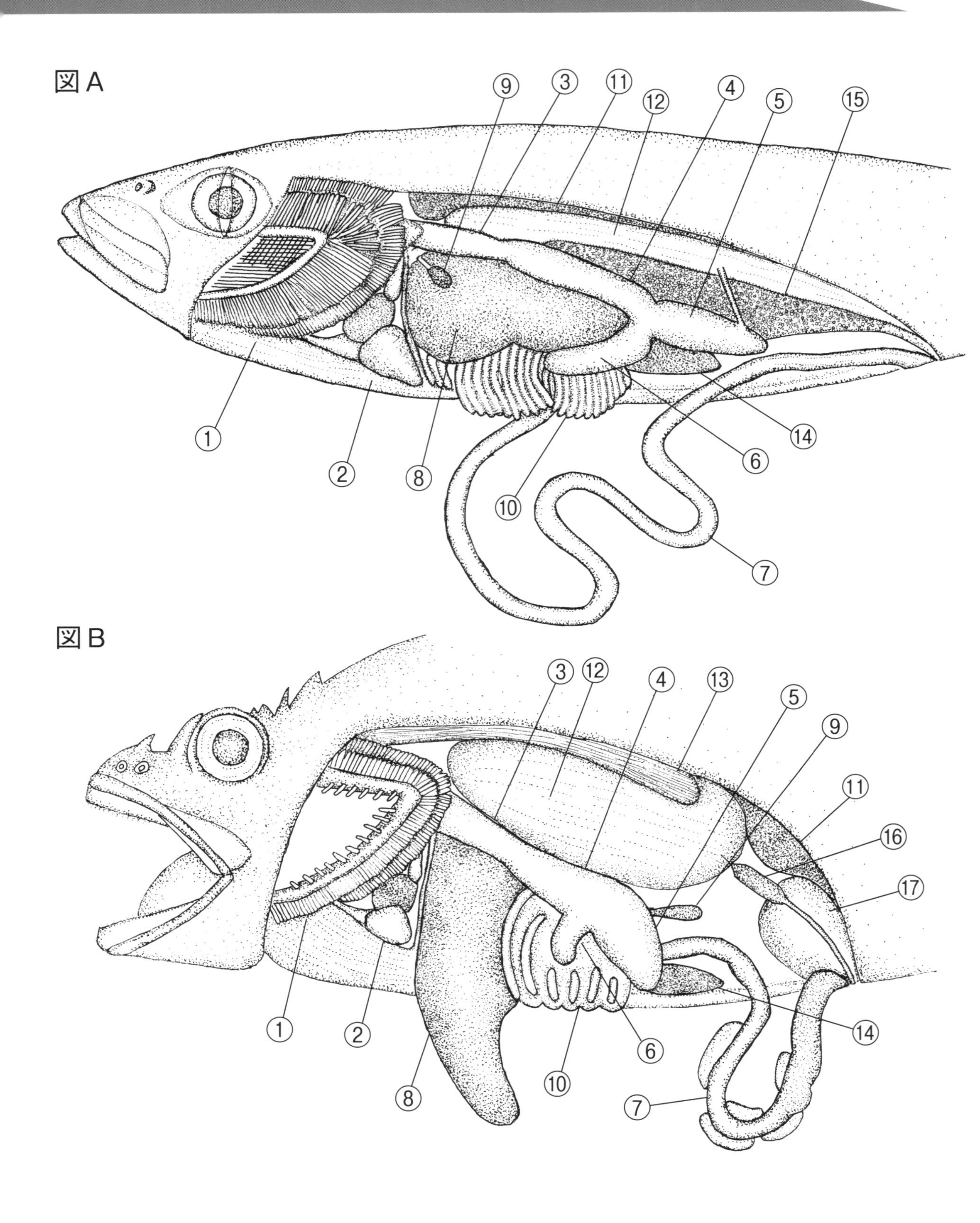
図A
⑨
③
⑪
⑫
④
⑤
⑮
①
②
⑧
⑩
⑭
⑥
⑦
図B
③
⑫
④
⑬
⑤
⑨
⑪
⑯
⑰
①
②
⑭
⑥
⑩
⑧
⑦

図版13　マイワシとカサゴ、内部器官を比べる

図Aマイワシ［回遊する硬骨魚類］，図Bカサゴ［定着する硬骨魚類雄］
①鰓　②心臓　③食道　④噴門部　⑤胃体部　⑥幽門部　⑦腸　⑧肝臓　⑨胆のう　⑩幽門垂　⑪腎臓
⑫鰾　⑬発音筋　⑭脾臓（ひぞう）　⑮卵巣　⑯精巣　⑰膀胱（ぼうこう）

《図版13　解 説》

図Aがマイワシ、図Bがカサゴ

〔配置と仕組み〕口腔に続く咽頭（いんとう）には鰓（えら）が、胸腔には心臓が、腹腔には消化管、消化腺、腎臓、鰾、脾臓（ひぞう）、及び生殖腺（精巣・卵巣）が配置します。消化管は、食道と胃、及び腸に区別され、消化腺は、肝臓、すい臓、胆のう、及び幽門垂より構成されます。胃は噴門部（ふんもんぶ）と胃体部（いたいぶ）、及び幽門部（ゆうもんぶ）より構成され、心臓は静脈洞・心房・心室、及び動脈球より構成され、鰓（えら）は鰓餘（さいし）・鰓弓、及び鰓弁より構成されます。以上、両者の内部器官の配置、及び仕組みは、アジのものと共通します。

〔形状〕両者の内部器官の形状は、体側筋と同様に多様です。運動や食性と関係の深い鰓と心臓はもちろん、鰾（うきぶくろ）・肝臓、及び腎臓の形状にも、両者には違いがあります。その違いは、生態（生活習慣）と関係が深いと考えられます。たとえば、イワシの鰾は薄いが、カサゴの鰾は分厚く、そこには発音筋が付いています。カサゴは、この鰾を使って鳴いてコミュニケーションをします。

〈豆知識〉　前に戻りますが、硬骨魚類の脊柱と体側筋には、節足動物と同様の繰り返し構造（体節構造）が見られました。この構造は、元を正せば、体を形成する発生の際に生じる節目（体節）に由来します。

トピックス
Topics

進化して、水中生活に適応した硬骨魚類

⑴　水中への適応

前肢と後肢は、基部の骨（肩帯と腰帯）を残して消失しています。そのため、体形は出っ張りの少ない流線型になっています。左右にしなる脊柱は体側筋、尾鰭と共に、遊泳の要です。椎体と棘突起からなる縦長の椎骨は、側扁平な体を支えると共に、体側筋の足場にもなります。水中酸素を採り入れるため、鰓（えら）を進化により生み出し、呼吸器であった肺を浮袋に変えて比重調節に使います。以上、進化によって硬骨魚類は水中での生活に適う体や器官を持つようになりました。

⑵　生息環境への適応

イワシの体側筋や内部器官の形状は、回遊や濾過食性に適うものになっています。回遊や濾過食性は、植物プランクトンの豊富な沿岸では最適の生活様式です。一方、カサゴの体側筋や内部器官の形状は、運動量の少ない定着や動物食性に適うものになっています。定着や動物食性は、小魚などの多い岩礁地帯では最適の生活様式です。

硬骨魚類であるイワシ、マアジ、カサゴを観察して、進化によってそれぞれの環境に適応したものになったことが確認できます。

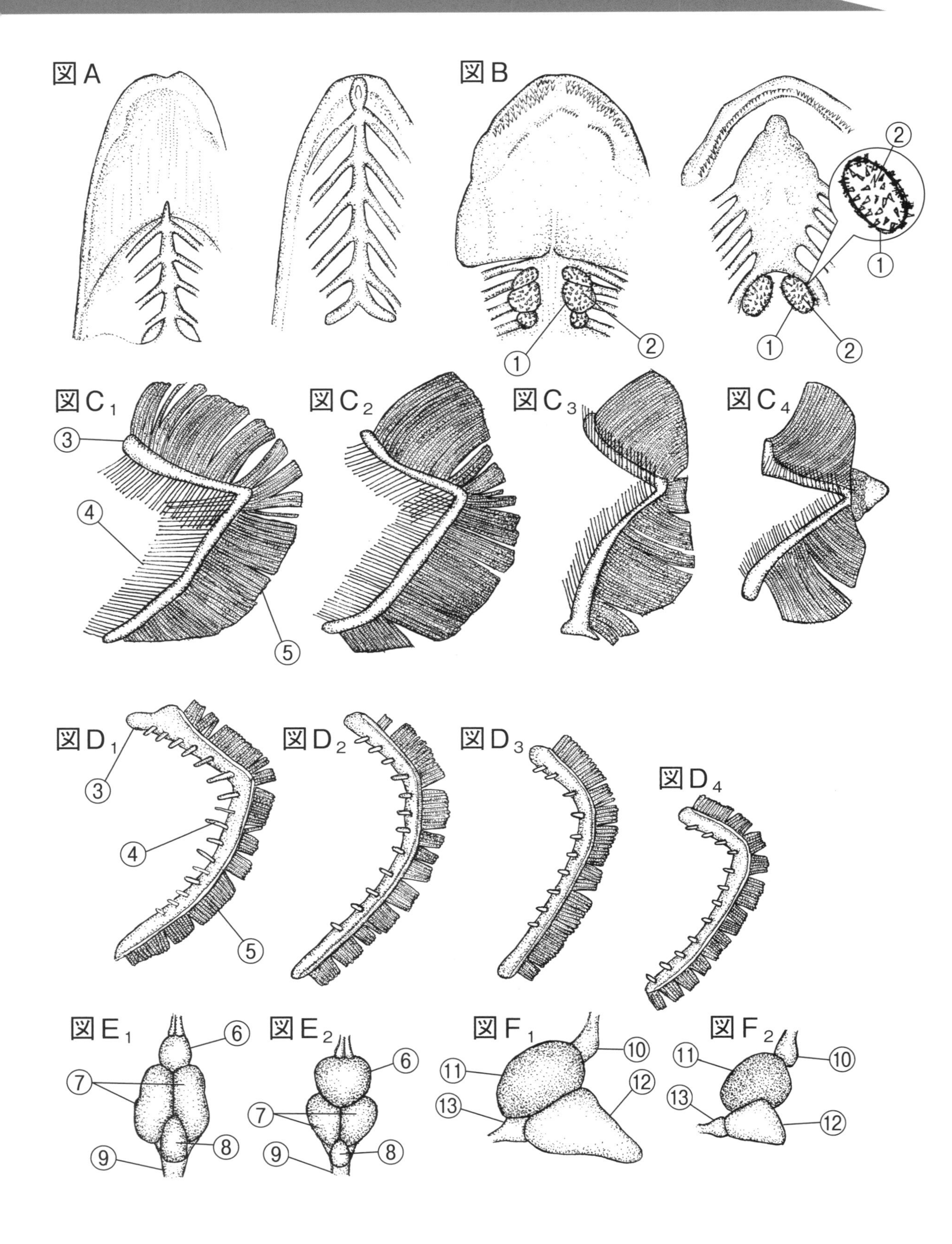
図A
図B
①
②
図C₁
図C₂
図C₃
図C₄
③
④
⑤
図D₁
図D₂
図D₃
図D₄
図E₁
図E₂
図F₁
図F₂
⑥
⑦
⑧
⑨
⑩
⑪
⑫
⑬

図版14　マイワシとカサゴ、歯・鰓・脳・心臓を比べる

図Aマイワシの歯，図Bカサゴの歯，図C_1～図C_4マイワシ第１～第４鰓弓の鰓，図D_1～図D_4カサゴ第１～第４鰓弓の鰓，図E_1マイワシの脳，図E_2カサゴの脳，図F_1マイワシの心臓，図F_2カサゴの心臓

①咽頭骨　②咽頭歯　③鰓弓　④鰓篩　⑤鰓弁　⑥大脳　⑦中脳　⑧小脳　⑨延髄　⑩静脈洞　⑪心房　⑫心室　⑬動脈球

《図版14　解 説》

両者の歯・鰓・心臓、及び脳を切り出して並べて比べると、形状には次に示すような顕著な違いがありました。

〔**歯**〕硬骨魚類は、顎骨や咽頭骨などに歯が生えています。イワシでは咽頭骨が消失するとともに、顎の歯は微小で、時には消失しています。一方、カサゴでは顎骨と咽頭骨に、しっかりした尖った歯が密生します（図A，図B）。

〔**鰓**〕イワシでは鰓弁が大きく、鰓篩は長くて密生しています。一方、カサゴでは鰓弁は小さく、鰓篩は短くて疎らです（図C，図D）。

〔**心臓**〕イワシの心室は発達が良く、体の割に大きいです。一方、カサゴの心室は発達が悪く、体の割に小さいです（図F）。

〔**脳**〕硬骨魚類では、嗅覚は大脳、視覚は中脳、平衡覚は小脳というように役割を分担しています。イワシでは、中脳と小脳が発達して大きいです。一方、カサゴでは、大脳が発達して大きいが中脳と小脳は発達が悪くて小さいです（図E）。

【生態への適応】

〔**運動**〕水の澄んだ外洋を回遊（連続的な運動）するイワシには、「ガス交換する鰓弁」「血液を送り出す心室」「視覚を司る中脳」「平衡覚を司る小脳」の発達は必須であります。一方、暗い岩場での定着生活で、運動量の少ないカサゴには、鰓弁・心室・中脳、及び小脳の発達は不要ですが、「嗅覚中枢を司る大脳」の発達は必須です。

〔**食性**〕濾過食性のイワシには、歯は不要だが、長くて密集した鰓篩（さいし）は必須です。動物食性のカサゴには、獲物を捕らえるため歯は必要ですが、鰓篩は、短小で疎らでも不都合はありません。以上、イワシとカサゴの歯・鰓・心臓・脳は、それぞれの運動と食性に適った形状になっています。

Coffee Break（コーヒータイム）

① ある小学生が図書館で進化のことを知った後、「海の魚さんは、あと何年たったら、陸上に上がってくるのだろう」と質問しました。皆様は、どう答えられますか。

② イワシがカレイのように、海底でじっとしている生活をするようになると、１万年後には、イワシの体と器官の形状はどうなると思いますか。読者の皆様もお考えください。

第3章
陸生の脊椎動物、鳥類と哺乳類
（図版15～図版22）

《概要》ここでは、前章で観察した硬骨魚類のものと比べながら、鳥類（ニワトリ）の感覚器・頭骨・脳・心臓、及び前肢の仕組みを観察します。器官の仕組みが進化して、陸上生活や飛行に適ったものになっていることを確認できます。

次に、ブタの頭部を解剖して、「顔面頭蓋と脳に見られる哺乳類固有の仕組み」を硬骨魚類や鳥類のものと比べながら観察します。さらに、顔面頭蓋が哺乳類固有の仕組みに進化したことによって、何がもたらされたかも考察します。

【この章でスケッチした動物のプロフィール】

6．ニワトリ：脊椎動物門・鳥類

代表的家禽で、アゴとトサカの部分に雌雄の特徴があります。図版15のスケッチは、雄のニワトリです。鳥類としては大型で、頭・心臓・前肢（手羽）が、精肉店などで入手できます。心臓は、ヒトの心臓と仕組みが共通していますので、学校現場でよく解剖されます。鳥類の頭骨や脳は、魚類と哺乳類の中間的な仕組みをしています。ただし、眼球や前肢骨の仕組みには、哺乳類にはない、飛行への適応が見られます。

7．ブタ：脊椎動物門・哺乳類

イノシシから改良して家畜化したものです。ヒトと同じ雑食性で、歯式や臼歯の形状はヒトのものに良く似ています。ノコギリを使っての頭部の切断は、非日常的ですが、高校生には興味津々です。

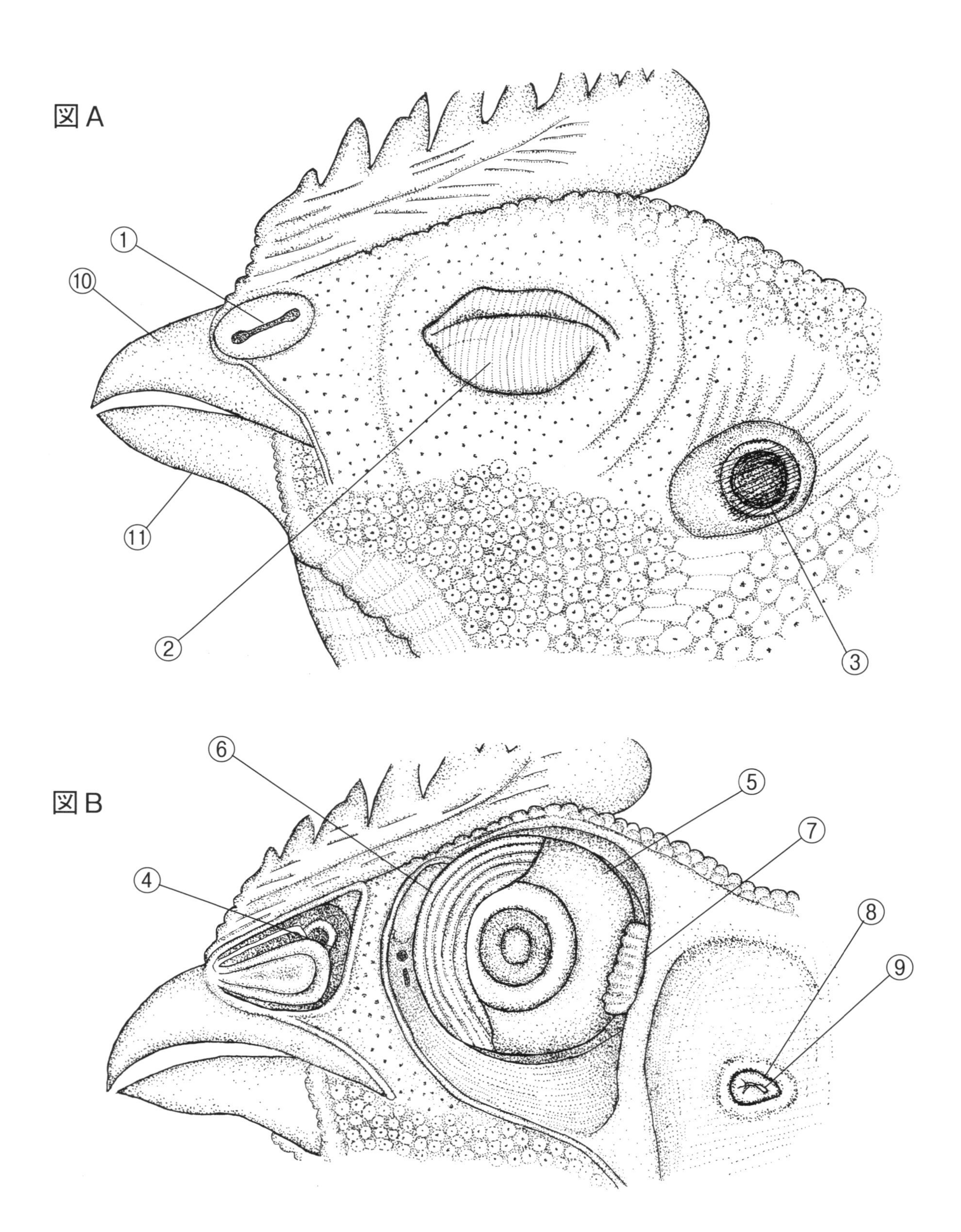
図A
①
⑩
⑪
②
③
図B
⑥
⑤
⑦
④
⑧
⑨

図版15　ニワトリ・鳥類の感覚器

図A頭部、図B感覚器

①外鼻孔（がいびこう）　②瞼（まぶた）　③外耳道　④鼻腔（びこう）　⑤眼球　⑥瞬膜（しゅんまく）　⑦涙腺（るいせん）　⑧鼓膜（こまく）　⑨耳小骨　⑩上顎　⑪下顎

図版の詳細

(1)　購入したニワトリの頭部（図A）。　(2)　皮膚や瞼を切り取り、露出した鼻腔・眼球・鼓膜（図B）。

《図版15　解 説》

〔**鼻**〕鼻腔が生まれて、鼻は感覚器だけでなく呼吸器としても働くようになります。

〔**眼**〕瞼（まぶた）と瞬膜[注15]、及び涙腺（るいせん）などの副眼器が備わり、眼球が乾燥から守られるようになります。

〔**耳**〕耳殻は形成されないものの、外耳道（耳の穴）と鼓膜、及び耳小骨が備わり、水の振動よりも受容しにくい空気の振動が受容できるようになります。以上、感覚器の仕組みは、陸上生活に適うものになっています。なお、鳥類では「発達の悪い小さな鼻腔」とは対照的に、眼球は巨大です。鳥類にとって、視覚の重要性が浮かび上がります。

(注15) しゅんまく　瞼の内側にある薄膜で、水平方向に眼球を覆います。哺乳類では退化的です。

トピックス
Topics

進化の過程

(1)　鳥類への進化

瞼と涙腺を備えることで、眼球を乾燥から守ります。外鼻孔の他に、鼻腔と内鼻孔を備えることで、鼻は呼吸器にもなります。外耳道、鼓膜、耳小骨が生まれることで、受容しにくい空気の振動も受容できます。心臓（ポンプ）が、右側のポンプと左側のポンプに分かれることで、全身から戻る静脈血と肺から戻る動脈血が混ざらなくなります。眼球に櫛状突起と骨環が備わることで、飛行中でも良く見えるようになります。3本の中手骨が癒合して格子状の掌骨になることで、手が翼の一部に組み込められます。以上の進化により、陸上生活はもちろんのこと、飛行にも適応しています。

(2)　哺乳類への進化

顔面頭蓋が進化して、下顎は歯骨だけから成り形はL字形に、口蓋はまな板に、歯は異形歯になります。さらに、下顎が直に脳頭蓋と関節することで、不要になった従来の顎関節は耳の中に移動します。そのため、咀嚼（そしゃく）が可能になり、耳小骨は3個に成ります。咀嚼は栄養面を改善することで大脳の発達を可能にし、発達した大脳は新たな行動（育児、集団で行う攻撃・防御等）を生み出します。また、3個の耳小骨は耳の精度を高め、高度なコミュニケーションを可能にします。以上、哺乳類の繁栄の元は、顔面頭蓋の進化にあると考えられます。

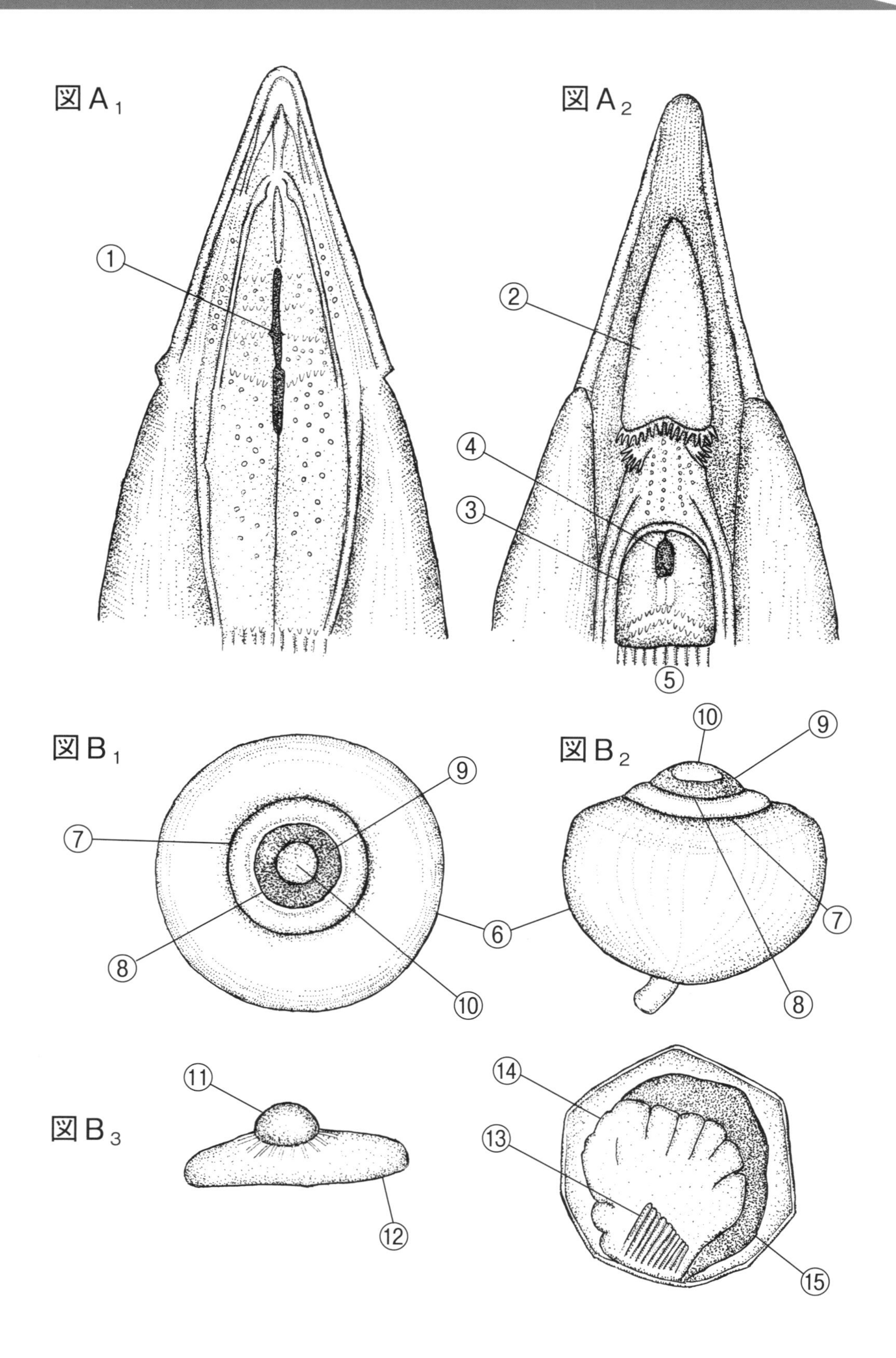
図A1
①
図A2
②
④
③
⑤
図B1
⑦
⑨
⑧
⑥
⑩
図B2
⑩
⑨
⑦
⑧
図B3
⑪
⑫
⑭
⑬
⑮

図版16　ニワトリ、鳥類の気道と眼球

図A_1口腔と咽頭の背壁，図A_2口腔と咽頭の腹壁，図B_1眼球・前面，図B_2同側面，図B_3同内部

①内鼻孔　②舌　③喉頭　④喉頭入口　⑤食道　⑥強膜　⑦骨環　⑧角膜　⑨虹彩　⑩瞳孔　⑪水晶体　⑫ガラス体　⑬櫛状突起　⑭網膜　⑮脈絡膜

図版の詳細

(1)　顎を切り開き、露出した口の奥（図A_1，図A_2)。

(2)　眼球を輪切りにして、取り出した内容物と露出した内部（図B_3)。

《図版16　解 説》

〔気道〕 口蓋（こうがい）には内鼻孔、舌の奥には喉頭（こうとう）[注16]が形成され、外鼻孔から気管を経て肺に至る空気の通り道（気道）が完成します。気道の形成は、硬骨魚類には見られない陸上脊椎動物固有の特徴です（図A_1，図A_2)。

〔喉頭〕 軟骨から出来ていて、喉仏（のどぼとけ）として知られています。気管につながる気道の一部を形成したり、食塊が気管にいるのを防いだり、発声にも関与します。鳥類の喉頭は、頭部にありますが、ヒトでは首に下がります[注16]。そのため、喉頭で発したヒトの音声は、首と口の広い空間を使って調音され、言葉として発せられます。

〔眼球〕「仕組み」は、硬骨魚類のものと同様に水晶体・ガラス体、及び網膜などを備えたカメラ眼です。ただし、硬骨魚類の水晶体が球形であるのに対して、鳥類のそれは、楕円体です（図B_3)。これは、空気に対する水晶体の屈折率が、水に対する水晶体の屈折率よりも大きいためです。さらに、哺乳類にはない、「水晶体を締めつけて急速に厚くすることができる骨環（こっかん)」、「網膜から伸びる櫛状突起（くしじょうとっき）[注17]」が備わり、飛行への適応が見られます（図B_1，図B_2，図B_3)。

(注16) ネアンデルタール人の喉頭は、現生人類のものよりも上にあるため、うまく発声できません。それが、現生人類との競争に敗れた原因と考えられています。

(注17) 血管が集中して酸素や栄養を与えるため、高い視力を確保します。

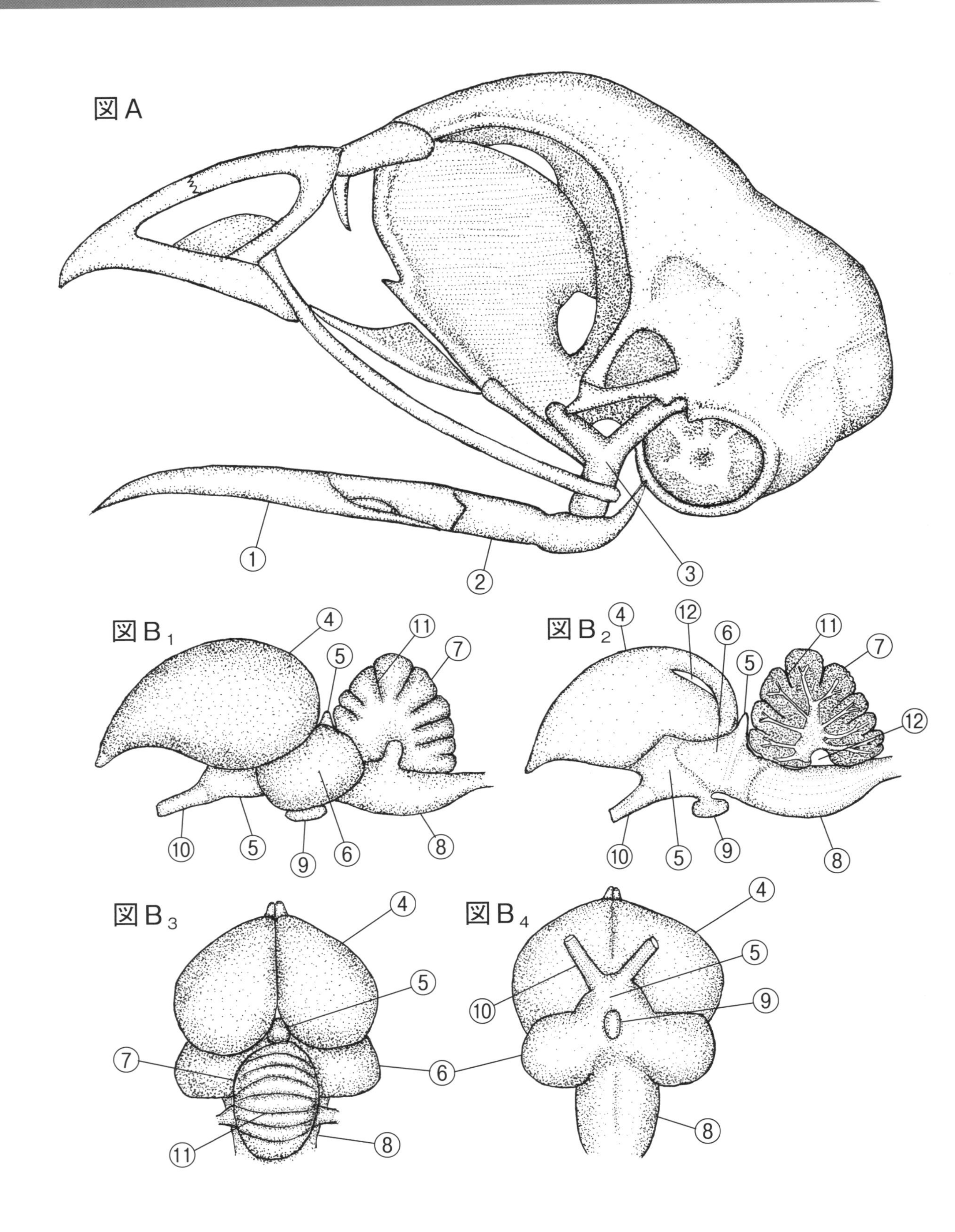
図A
①
②
③
図B1
④
⑤
⑪
⑦
⑩
⑤
⑨
⑥
⑧
図B2
④
⑫
⑥
⑤
⑪
⑦
⑫
⑩
⑤
⑨
⑧
図B3
④
⑤
⑦
⑥
⑪
⑧
図B4
④
⑤
⑩
⑨
⑥
⑧

図版17　ニワトリ、鳥類の頭骨と脳

図Aニワトリの頭骨，図Bニワトリの脳（B_1側面，B_2断面，B_3背面，B_4腹面）

①歯骨　②関節骨　③方形骨　④大脳　⑤間脳　⑥中脳　⑦小脳　⑧延髄　⑨脳下垂体　⑩視神経束
⑪小脳溝　⑫空洞（脳室）

図版の詳細

(1)　頭部から皮膚や筋肉を剥いで、露出した頭骨（図A）。

(2)　頭骨をニッパーで壊して、露出した脳（図B_1～図B_4）。

《図版17　解 説》

図Aは頭骨を側面から、図Bは脳を観察したものです。

〔頭骨〕「大きな眼窩を持った脳頭蓋」と顔面頭蓋から出来ます。眼窩とは、眼球を入れる窪みです。下顎が複数の顔面骨から構成されること、「下顎の関節骨」と「口蓋の方形骨」で顎関節を形成することは、硬骨魚類とも共通します（図版９参照）。ただし、舌顎骨が耳の中に移動して耳小骨に進化し、「鰓を守る鰓蓋」と「鰓を支える鰓弓」が鰓と共に消失するため、顔面頭蓋は、硬骨魚類のものに比べてスッキリしています。さらに、上顎や口蓋の顔面骨は、脳頭蓋に癒着（ゆちゃく）して強固な一塊を形成します（図A）。

〔脳〕大脳、間脳、中脳、小脳、及び延髄から構成され、内部には空洞があります（図B_1，図B_2）。空洞があるのは、脊椎動物の脳が神経管から形成されるためです。以上は、硬骨魚類とも共通します。また、脳が硬骨魚類のものに比べて大きくなるとともに、大脳化が進んでいます。ただし、大脳が他の脳に覆い被さるまでには至っていません。大脳溝（脳の皺）は、まだ形成されていませんが、小脳溝は形成されています（図B_3）。これは、飛行中の平衡保持と関係があります。また、間脳に付く脳下垂体（最重要な内分泌腺）、間脳に入り込む視神経束から、間脳に自律神経系の中枢や視覚の中間中枢があることが推測できます（図B_4）。

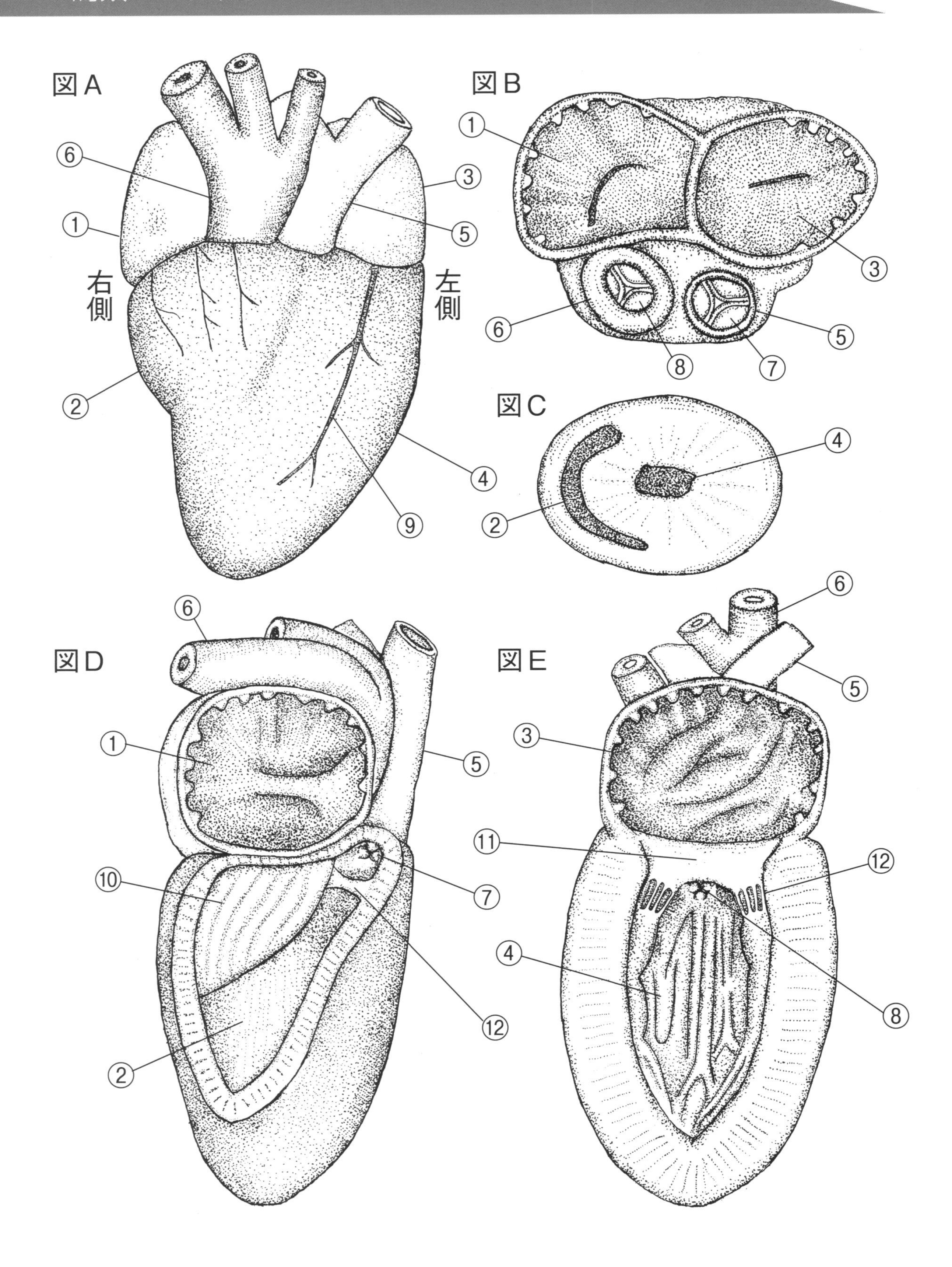
図A
⑥
①
③
⑤
右側
左側
②
④
⑨
図B
①
③
⑥
⑤
⑧
⑦
図C
④
②
図D
⑥
①
⑤
⑩
⑦
⑫
②
図E
⑥
⑤
③
⑪
⑫
④
⑧

図版18　ニワトリ、鳥類の心臓

図A外部（腹面図），図B輪切りにした心房と動脈基部，図C輪切りにした心室，
図D縦に切開いた心臓の右側のポンプ，図E縦に切開いた心臓の左側のポンプ
①右心房　②右心室　③左心房　④左心室　⑤肺動脈　⑥大動脈　⑦肺動脈弁　⑧大動脈弁　⑨冠静脈
⑩右房室弁　⑪左房室弁　⑫腱策（けんさく）

《図版18　解 説》

〔仕組み〕魚類の心臓は１つのポンプ（１心房・１心室）より出来ていますが、鳥類の心臓は、静脈血を肺に送る右側のポンプ（図D）と動脈血を全身に送る左側のポンプ（図E）より出来ています（２心房２心室）。血液は、［全身］→大静脈→右心房→右心室→肺動脈→肺→肺静脈→左心房→左心室→大動脈→［全身］と循環します。肺を経由すると酸素を採り入れて動脈血に変わり、組織を経由すると酸素を失って静脈血に変わります。両ポンプは完全に分かれているため、右側のポンプを流れる静脈血と左側ポンプを流れる動脈血は混ざり合いません。「血液を送り出す心室」は「血液を受け取る心房」に比べて壁が厚く、「全身に血液を送り出す左心室」は「肺に血液を送り出す右心室」に比べて壁が厚くなっています。「高血圧の血液が流れる大動脈」は、「高血圧でない血液が流れる肺動脈」に比べて壁が厚くなっています。また、心室の出口には動脈弁、心房の出口には房室弁があります。動脈弁は動脈側にしか、房室弁は心室側にしか開かないことで[注18]、血液の逆流を防いでいます。上記した心臓の仕組みが備わることで、肺循環と体循環からなる血液循環が円滑、かつ迅速に行われています（図A～図E）。

（注18）腱策によって心室の壁に結び付けられ、反転ができないようになっています。

中学生のC君が、どうして、右心室と左心室の壁の厚さは違うのだろうと考え、「もし、左右の壁の厚さが同じだったら、どんな不都合が起きるのか」と先生に質問しました。あなたなら、どう答えますか。

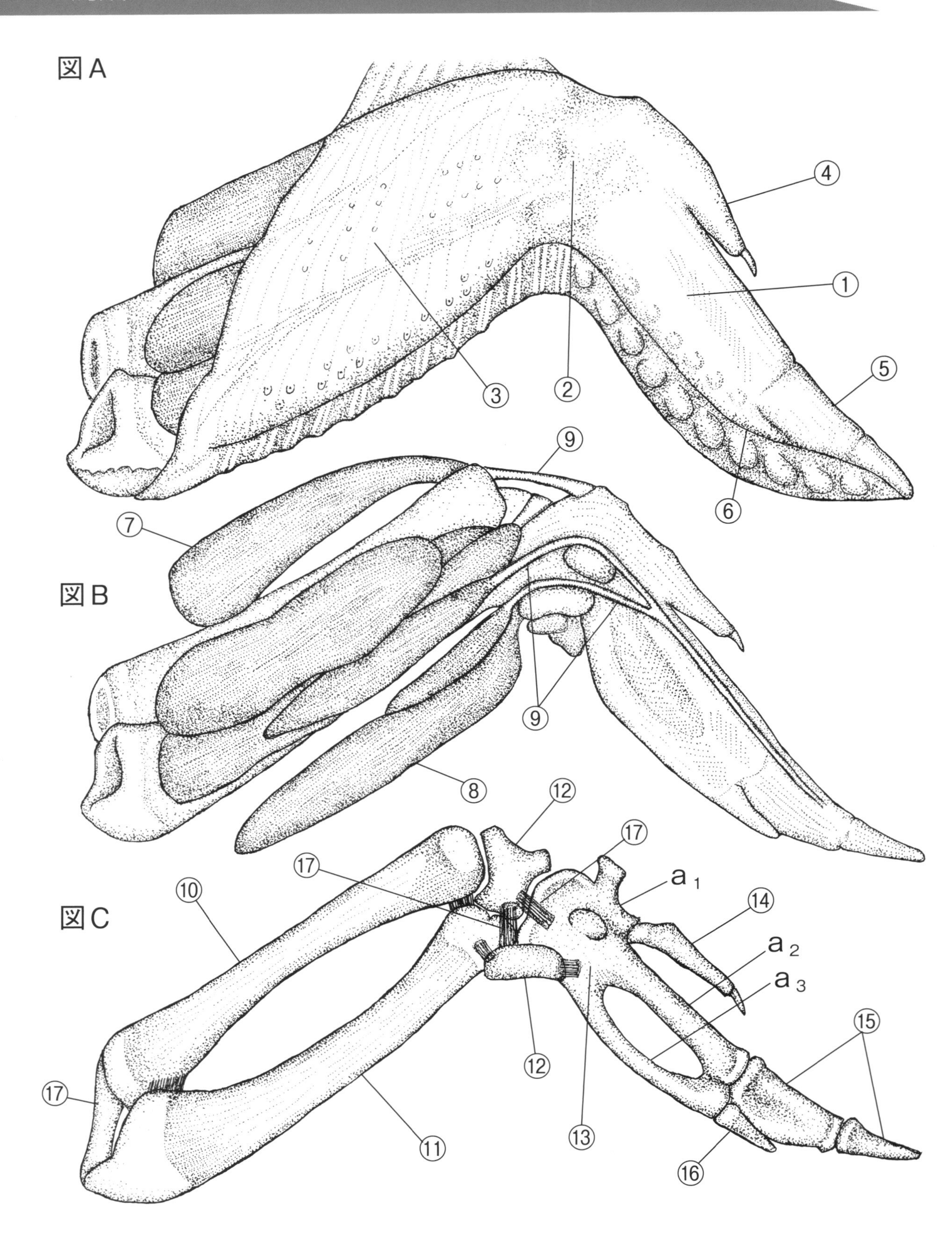
図A
④
①
⑤
③
②
⑥
⑨
⑦
図B
⑨
⑧
⑫
⑰
⑰
a 1
⑩
図C
⑭
a 2
a 3
⑫
⑮
⑰
⑪
⑬
⑯

図版19　ニワトリ、肘から先の鳥類の前肢

図A外部（腹面），図B筋肉（腹面），図C骨格（腹面） a_1～a_3**は、3本の中手骨**

①掌（てのひら）　②手首の関節　③前腕　④第1指　⑤第2指　⑥第3指　⑦橈掌骨伸筋

⑧尺腕骨屈筋　⑨腱（けん）　⑩橈骨（とうこつ）　⑪尺骨（しやくこつ）　⑫手根骨（しゆこんこつ）

⑬掌骨（しょうこつ）　⑭第1指の指骨　⑮第2指の指骨　⑯第3指の指骨　⑰靭帯（じんたい）

図版の詳細

⑴　購入した手羽先（図A）。　⑵　皮膚を剥いで、露出した筋肉と腱（図B）。

⑶　筋肉と腱を取り除いて、出現した骨格（図C）。

《図版19　解 説》

〔外部〕肘から先の前肢は、「指と掌（てのひら）から成る手」と前腕から構成されています。前腕と掌の間で関節（手関節）が形成されます。以上の仕組みは、ヒトとも共通します。ただし、鳥類の指の数は、恐竜に見られる3本です（図A）。

〔前腕の骨格筋〕紡錘形で、軟らかくて切れやすい性質です。端は強固な腱になり、手関節越しに手の骨に接着します。橈掌骨伸筋(とうしょうこつしんきん)と尺腕骨屈筋(しゃくわんこつくっきん）が交互に収縮して手首の関節運動が行われます。筋肉の形状や関節運動の仕組みは、ヒトとも共通します（図B）。

〔骨格〕骨と骨を靭帯（じんたい）がつないで、骨格が出来上がります。前肢骨格を構成する骨は、ヒトのものと共通します。[注19]ただし、手根骨（端の2骨を除く）と中手骨が、癒合（ゆごう）して格子状の掌骨（しょうこつ）が形成されるため、手はつかむ働きを失い翼の一部になります（図C）。

(注19)ヒトの肘から先の前肢骨格は、前腕をつくる尺骨と橈骨、掌をつくる手根骨と中手骨、指をつくる指骨より成ります。

中学生のD君、関節運動の仕組みを学校で学んだあと、「なぜ、鳥類の筋肉は腱を仲立ちにしないで、直接に骨に付かないのか」と先生に質問しました。あなたなら、どう答えますか。

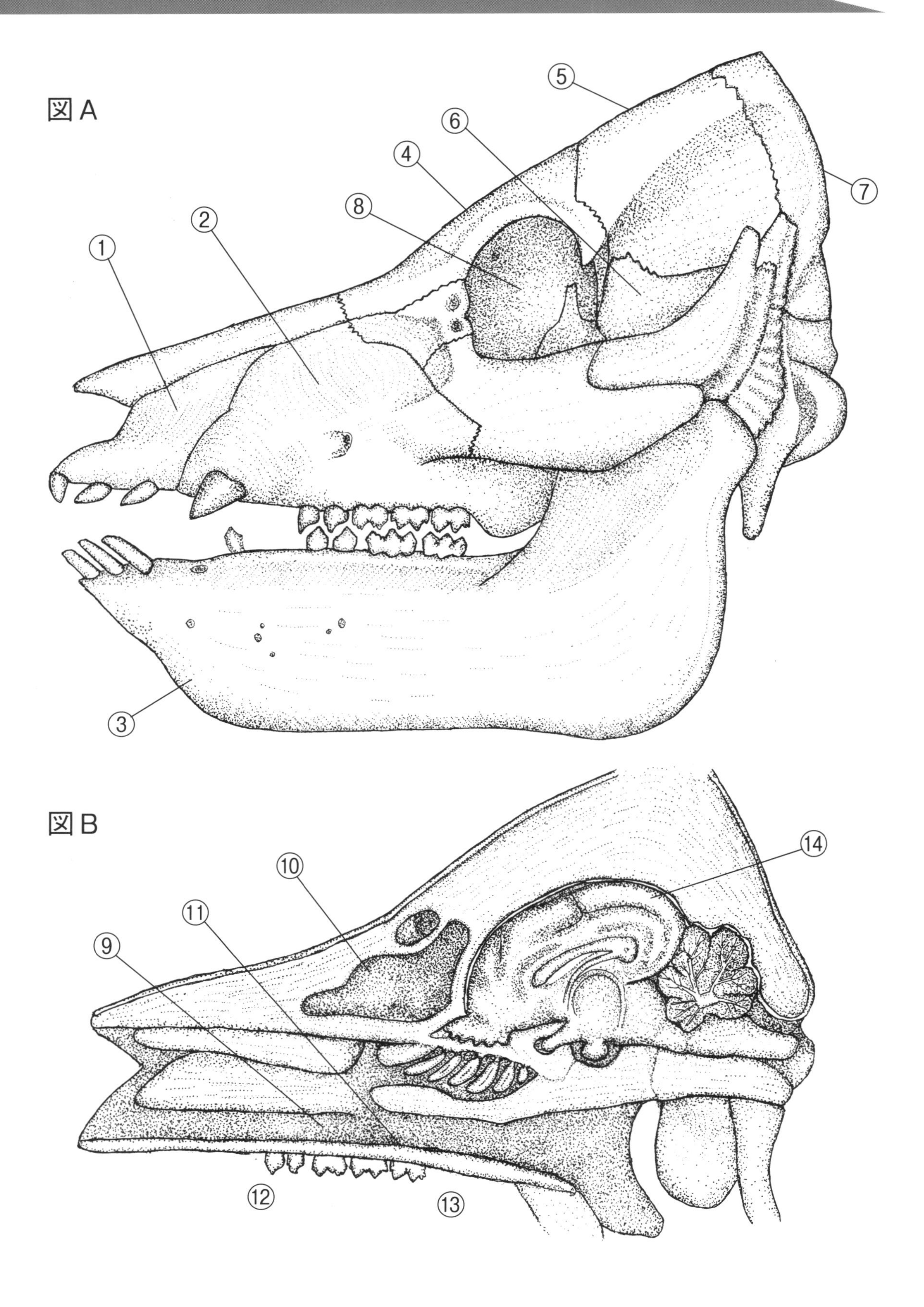
図A
①
②
③
④
⑤
⑥
⑦
⑧
図B
⑨
⑩
⑪
⑫
⑬
⑭

図版20　ブタ、哺乳類の頭骨

図A外部，図B内部

①前顎骨　②上顎骨　③歯骨　④前頭骨　⑤頭頂骨　⑥側頭骨　⑦後頭骨　⑧眼窩（がんか）[注20]
⑨鼻腔（びこう）　⑩副鼻腔　⑪口蓋（こうがい）　⑫口腔（こうくう）　⑬咽頭　⑭頭蓋腔に収まる脳

図版の詳細

(1)　頭部から皮膚や筋肉を剥いで、露出した頭骨（図A）。

(2)　頭骨をノコギリ（木材切断用）で縦断して、露出した頭骨の内部（図B）。

(注20)眼窩は、眼球を入れる窪み。

《図版20　解 説》

〔外部〕「眼窩を持った脳頭蓋」と顔面頭蓋からなるのは、硬骨魚類や鳥類とも共通します。ただし、次のような哺乳類固有の特徴があります。(1)大きな頭骨の割には、眼窩が小さい。(2)吻部（ふんぶ）が前方に大きく張り出す。(3)頭骨に占める顎骨（前顎骨・上顎骨・歯骨顎）の割合が大きい（図A）。

〔内部〕脳頭蓋の内部には、鼻腔、副鼻腔、及び脳を収める頭蓋腔（とうがいくう）の３つの空洞があります。鼻腔が、口蓋（口腔上壁）を形成する骨により、口腔から完全に遮断されるのは、哺乳類固有の仕組みです。さらに、脳は脳膜を挟んで頭蓋腔に隙間なくピタットはまっています。そのため、頭を揺らしても、脳は揺らされません。鼻腔は鳥類のものに比べて、大きく広がります。哺乳類にとっての嗅覚の大切さがうかがわれます（図B）。

ブタの眼窩は、ヒトのもののように、眼球をピッタリはめる形にはなっていません。あなたなら、どんな不都合があると、考えますか。

ヒント　頭を揺らすと、眼球も……。

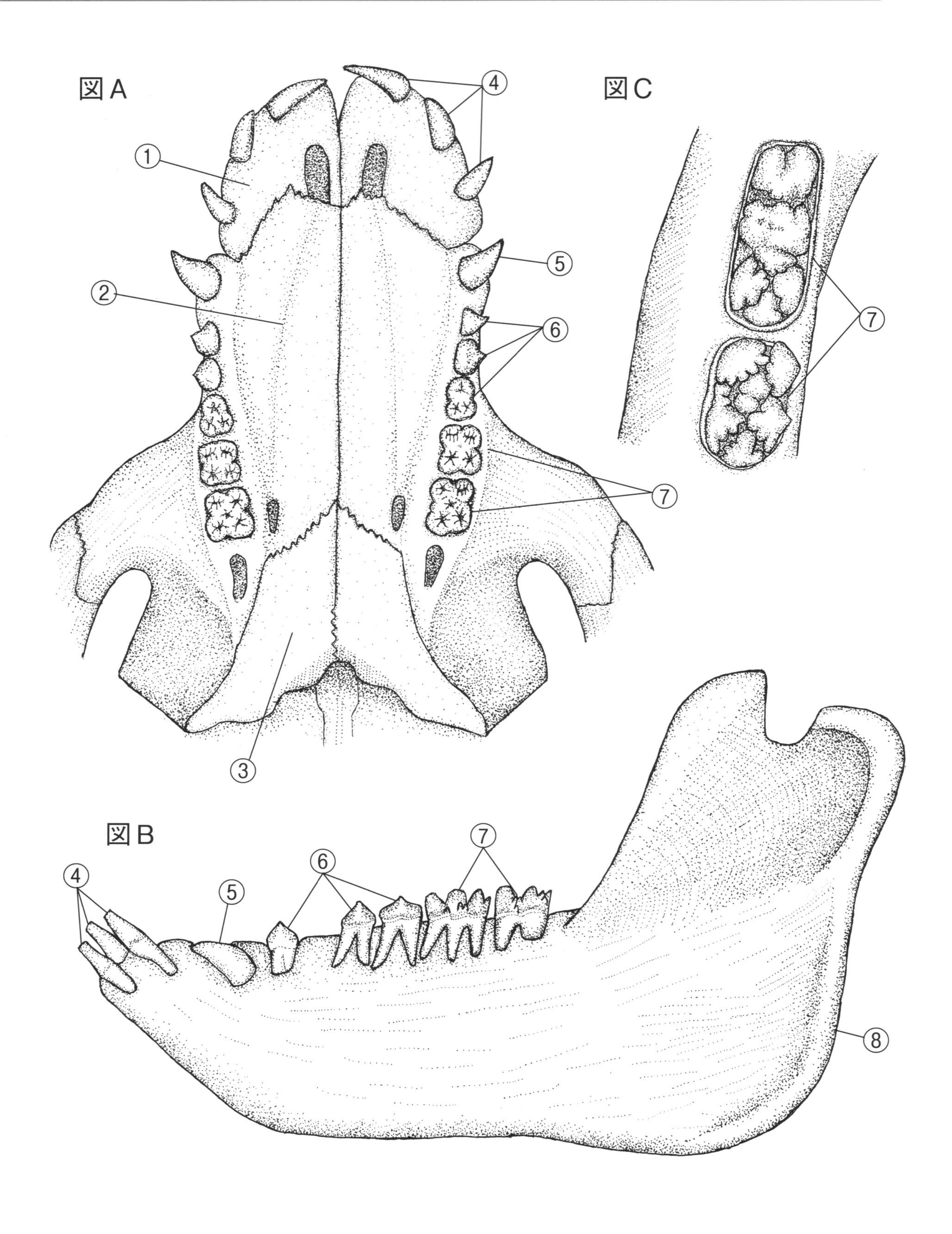
図A
図C
図B
①
②
③
④
⑤
⑥
⑦
⑧

図版21　ブタ、哺乳類の口蓋，下顎，歯

図Ａ口蓋，図Ｂ下顎，図Ｃ下顎の大臼歯の咬合面（こうごうめん）
①前顎骨　②上顎骨　③口蓋骨　④門歯　⑤犬歯　⑥小臼歯　⑦大臼歯　⑧歯骨

《図版21　解 説》

口蓋と下顎、及び歯には、次のような哺乳類固有の仕組みがあります。

〔口蓋〕 前顎骨と上顎骨、及び口蓋骨が密着して、分厚くて隙間のないまな板[注21]を形成します（図Ａ)。

〔下顎と顎関節〕 ① 下顎　Ｌ字型で、顔面骨の歯骨１骨より成ります。② 顎関節　歯骨は、脳頭蓋と直接関節するため、従来の関節骨と方形骨からなる顎関節は耳の中に移動して、前者は耳小骨の槌骨（つちこつ)、後者は耳小骨の砧骨（きぬたこつ）に進化します（図Ｂ)。

〔歯〕 門歯、犬歯、小臼歯、及び大臼歯に分化します。その内、大臼歯は咀嚼において極めて重要な歯で、複雑な咬合面を持っています。さらに、それぞれの歯は深い歯根をもっていて、顎骨の歯槽にピッタリとはまっています。そのため、強い力を加えてもぐらつきません（図Ｂ，図Ｃ)。

以上、まな板[注21]になった口蓋、歯根を持った形状の異なる歯、Ｌ字形[注22]になった下顎は咀嚼（そしゃく）を可能にし、「３個になった耳小骨」は耳の精度を増して哺乳類の繁栄を支えます。

(注21)鳥類では口蓋に開いた内鼻孔は、哺乳類では奥に移動して咽頭に開くようになりました。そのため、咀嚼中に口腔内の食べ物が、気道を塞（ふさ）ぐことはなくなりました。

(注22)鳥類のような直線形に比べ、筋肉（咀嚼筋）の付着面が広くなります。

〈一口メモ〉 ワニや硬骨魚類にも歯があります。しかし、彼らの歯と哺乳類の歯の働きは、違います。彼らは歯で肉を噛み切り、肉片を飲み込みます。哺乳類の歯のように、消化しやすいようにかみ砕くことはできません。

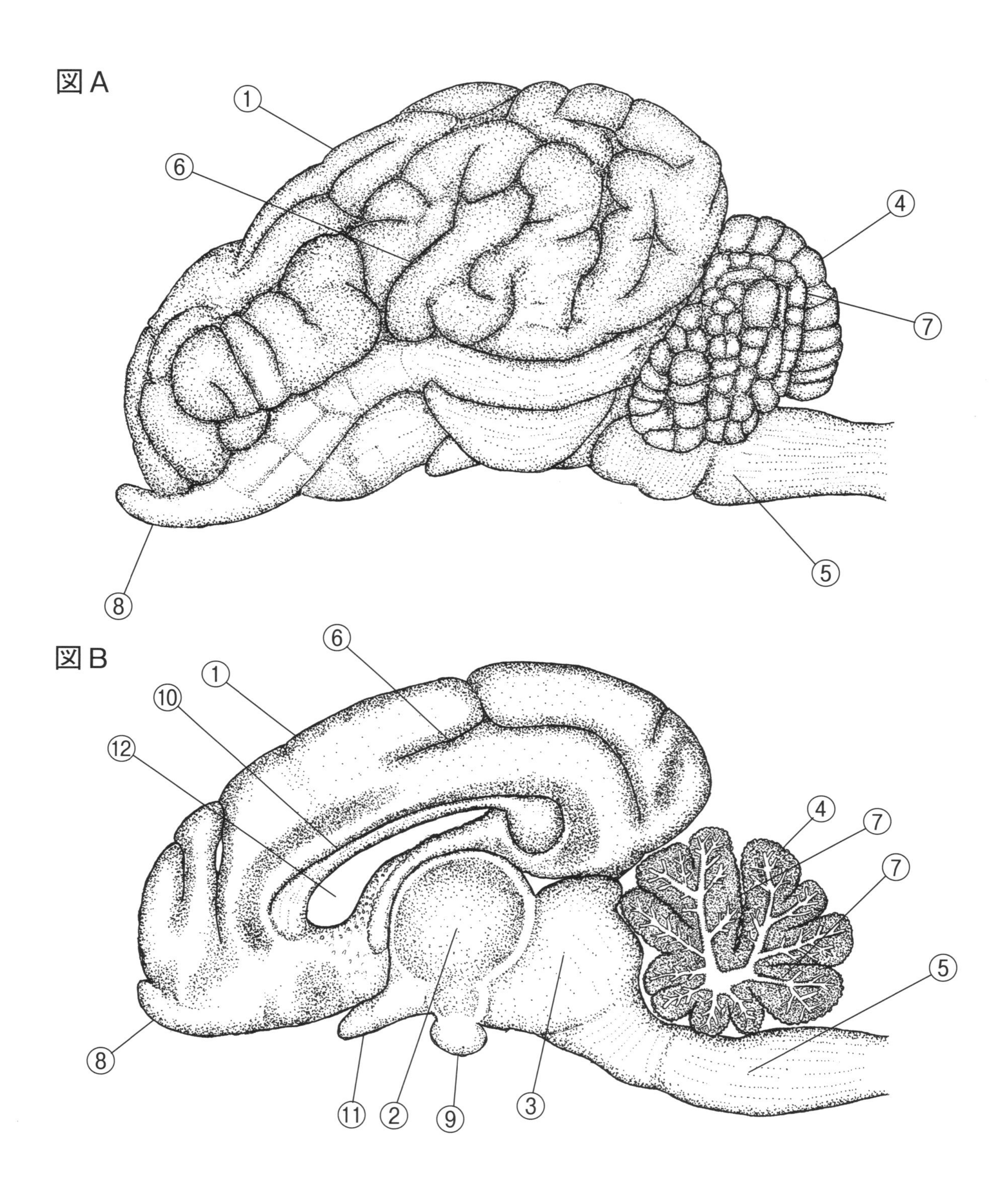
図A
①
⑥
④
⑦
⑤
⑧
図B
⑥
①
⑩
⑫
④
⑦
⑦
⑤
⑧
⑪
②
⑨
③

図版22　ブタ、哺乳類の脳

図A脳の外部（頭骨を縦断して、摘出），図B脳の縦断面

①大脳　②間脳　③中脳　④小脳　⑤延髄　⑥大脳溝（だいのうこう）　⑦小脳溝　⑧嗅球　⑨脳下垂体　⑩脳梁（のうりよう）　⑪視神経束　⑫脳室

(注)⑧の嗅球は、大脳先端の嗅覚を司るところ

《図版22　解 説》

〔外部〕 ブタ（哺乳類）の脳は、ニワトリ（鳥類）の脳に比べて、ずぬけて大きいです。その大きさは、凡そ100mLもあります。頭骨の大きさの割には、ヒトの脳と比べて小さいのは、脳を囲む骨（頭蓋骨）の厚さが極めて厚いからです（図版20参照）。大脳、間脳、中脳、小脳、及び延髄から形成されますが、大きく膨れた大脳と小脳に覆いかぶさられて間脳と中脳は外部の側面では見ることができません。大脳の表面にできる深い溝（大脳溝）と小脳の表面を刻むきめ細かい溝（小脳溝）は、哺乳類固有の特徴です（図A）。

〔内部〕 大脳、間脳、中脳、小脳、延髄の境目が明瞭です。「脳の中にある大きな空洞（脳室）」、「大脳の右脳と左脳を連絡する脳梁」、「発達した大脳皮質」は、哺乳類固有の特徴です。脳・脊髄は神経細胞（ニューロン）の集まりです。ニューロンは、核を含む細胞体と神経突起より構成されます。灰白質は細胞体の集まった灰色に見える部分で（図Bでは点描で示す）、白質は神経突起が束になって白色に見える部分です（図Bでは白抜きで示す）。大脳皮質とは、大脳の表面を覆う灰白質です。しかし、灰白質は、大脳の内部や間脳にも散在していて、哺乳類の脳の仕組みが複雑であることが分かります（図B）。

トピックス Topics

脊椎動物の脳の栄養は、ブドウ糖に限定されます。ヒトの脳は容積が凡そ1000mLもあり、多量のグルコースを消費します。そのため、ヒトでは哺乳類が進化で得た咀嚼に加えて、火や道具を使って調理することで、食物の消化・吸収の効率を上げて脳を支えています。

第4章
節足動物、甲殻類十脚目
（図版23～図版29）

《概要》ウシエビを使って、甲殻十脚類の体・口、及び付属肢の仕組みを観察します。次に、アメリカザリガニをウシエビと比べて、ザリガニの体と付属肢の形状が、歩行に適応していることを観察します。最後に、ケガニをアメリカザリガニと比べて、遊泳を放棄したカニでは、腹部と腹肢が退化してエビ型からカニ型になったことを観察します。なお、ザリガニとケガニは解剖して、脊椎動物とは対照的な甲殻類の内部器官の仕組みを観察します。

〔補足〕十脚とは、歩脚（歩行に使う脚）にはさみ脚を合わせると10本に成るということです。エビでは、ハサミ脚は形成されず、歩脚が10本。ザリガニとカニでは、ハサミ脚が２本で歩脚が８本。ただし、エビでは、口の周りにある顎脚と歩脚の形状があまり変わらないので、一見すると脚の数がザリガニやカニに比べて多く見えます（図版23）。

【この章でスケッチした動物のプロフィール】

8．ウシエビ：節足動物門・甲殻類・十脚目・クルマエビ科

ブラックタイガーとして市販される大型のエビです。熱帯の海の砂底に生息し、歩脚を使って歩いたり、腹肢を使って犬かきのように泳いだりします。

9．アメリカザリガニ：節足動物門・甲殻類・十脚目・ザリガニ科

水路や水田に普通に生息します。普段は歩脚を使って歩行しますが、緊急時には、尾扇を使って後方に飛び跳ねます。雄は、第１腹肢と第２腹肢を使って、雌と腹と腹を合わせで交接します。その際、雄は、巨大なハサミ脚で雌をつかんで動けなくします。雌は、産卵した卵を腹肢で抱えます。

10．ケガニ：節足動物門・甲殻類・十脚目・クリガニ科

寒帯の海、水深30～200 mの砂泥底に生息する大型のカニです。歩脚を使い海底を横歩きして移動します。腐食性で、海底に沈んだクジラ等の死骸をはさみ脚で切り取って食べます。カニ味噌は、中腸線です。

Topics トピックス

進化して、遊泳・歩行に適応した十脚目

遊泳中心の十脚類は、歩行に使う頭胸部・歩脚が短小になるのに対して、遊泳に使う腹部・腹肢が長大になり、エビ（エビ型）に成りました。一方、歩行中心の十脚類は、頭胸部·歩脚が長大になるのに対して、腹部・腹肢が短小になり、ザリガニ（ザリガニ型）に成りました。さらに、歩行のみで遊泳をしなくなった十脚類は、腹部が退化して頭胸部腹面に張り付いてカニ（カニ型）になりました。

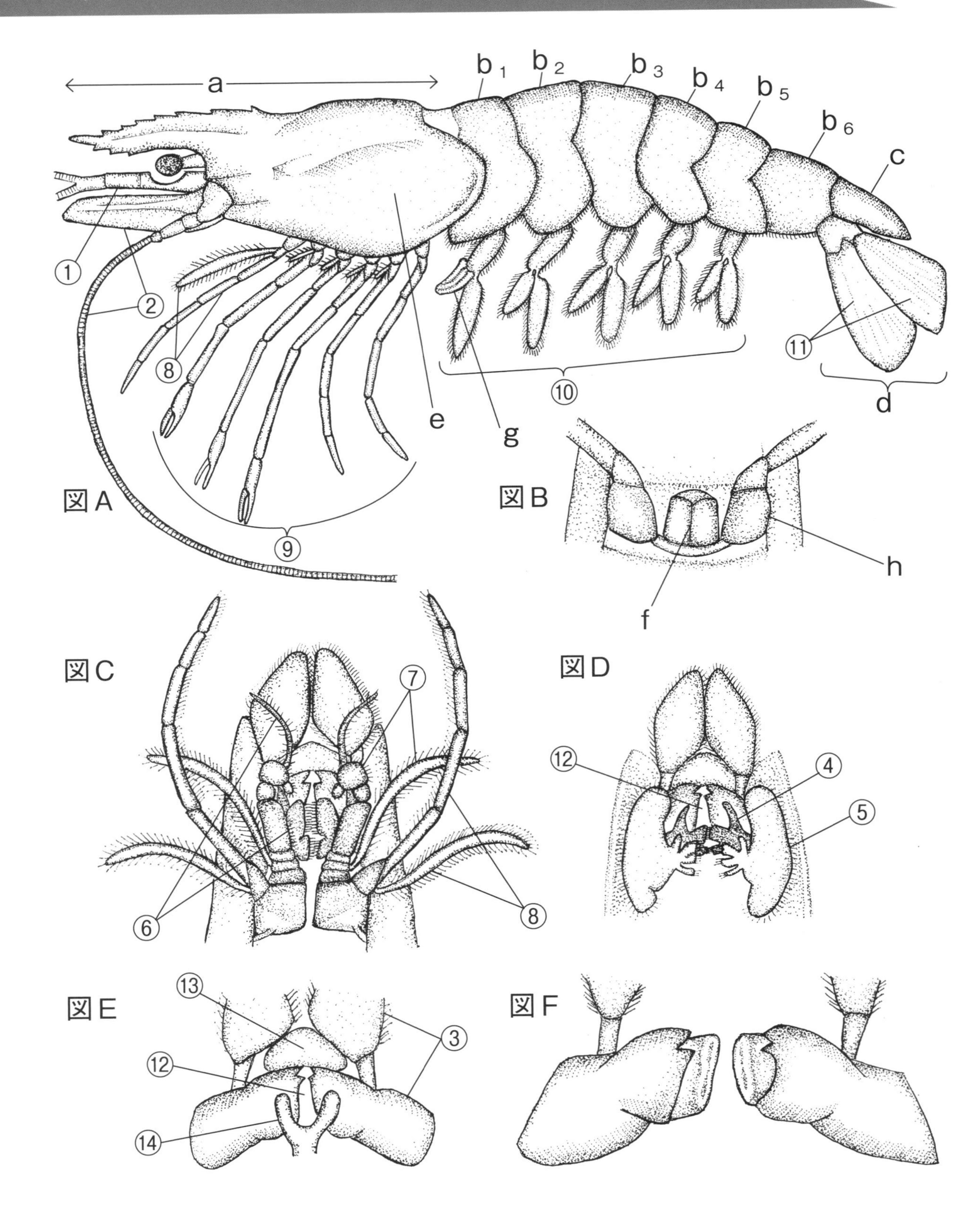
a
b1
b2
b3
b4
b5
b6
c
d
e
g
①
②
⑧
⑨
⑩
⑪
図A
図B
f
h
図C
⑥
⑦
⑧
図D
⑫
④
⑤
図E
⑬
⑫
⑭
③
図F

図版23　ウシエビ、甲殻類十脚目の外部

図A雄の側面，図B雌の胸部腹面，図C口の周囲，図D顎脚除去で露出した小顎，
図E小顎除去で露出した大顎，図F大顎の咬合面

a頭胸部　b_1～b_6腹部の体節　c尾節　d尾扇　e甲殻　f受精のう　g交接器　h第５歩脚
①第１触角　②第２蝕角　③大顎　④第１小顎　⑤第２小顎　⑥第１顎脚　⑦第２顎脚　⑧第３顎脚
⑨歩脚５対　⑩遊泳肢５対　⑪尾肢　⑫口　⑬上唇　⑭下唇

(注)付属肢は、体節に付いたまま観察する

《図版23　解 説》

図C～Fは、口の周りの付属肢を外側のものから順に取り外した図です。

〔体の仕組み〕体は、頭部の５体節、胸部の８体節、腹部の６体節、及び尾部の尾節、合わせて20個の体節より構成されています。頭部と胸部は、甲殻を背負い頭胸部にまとまります。体節とは節目のことで、体軸方向の繰り返し構造のことを指します（図A）。

〔付属肢〕尾節以外の各体節には１対の肢（付属肢）が関節します。すなわち、５節の頭部には２対の触角･１対の大顎（おおあご）･２対の小顎（こあご）が、８節の胸部には３対の顎脚（がっきゃく）・５対の歩脚が、６節の腹部には５対の腹肢（ふくし）、及び１対の尾肢（第６腹肢）が付いています（図A）。

〔口器（こうき）〕口を囲む顎脚３対・小顎２対・大顎１対、及び上唇・下唇より構成されます。口器は､全体として食物の摂取と咀嚼に役立ちます。口器の形成は､節足動物固有の特徴です(図C，図D，図E）。

〔遊泳への適応〕遊泳に使う腹部（腹節）と腹肢が、発達して長大になっています。尾肢と尾節は尾扇（びせん）を形成しています（図A）。

〔雌雄の差異〕雄の第１腹肢には交接器が、雌の胸部腹面には受精のうが形成されています（図A，図B）。

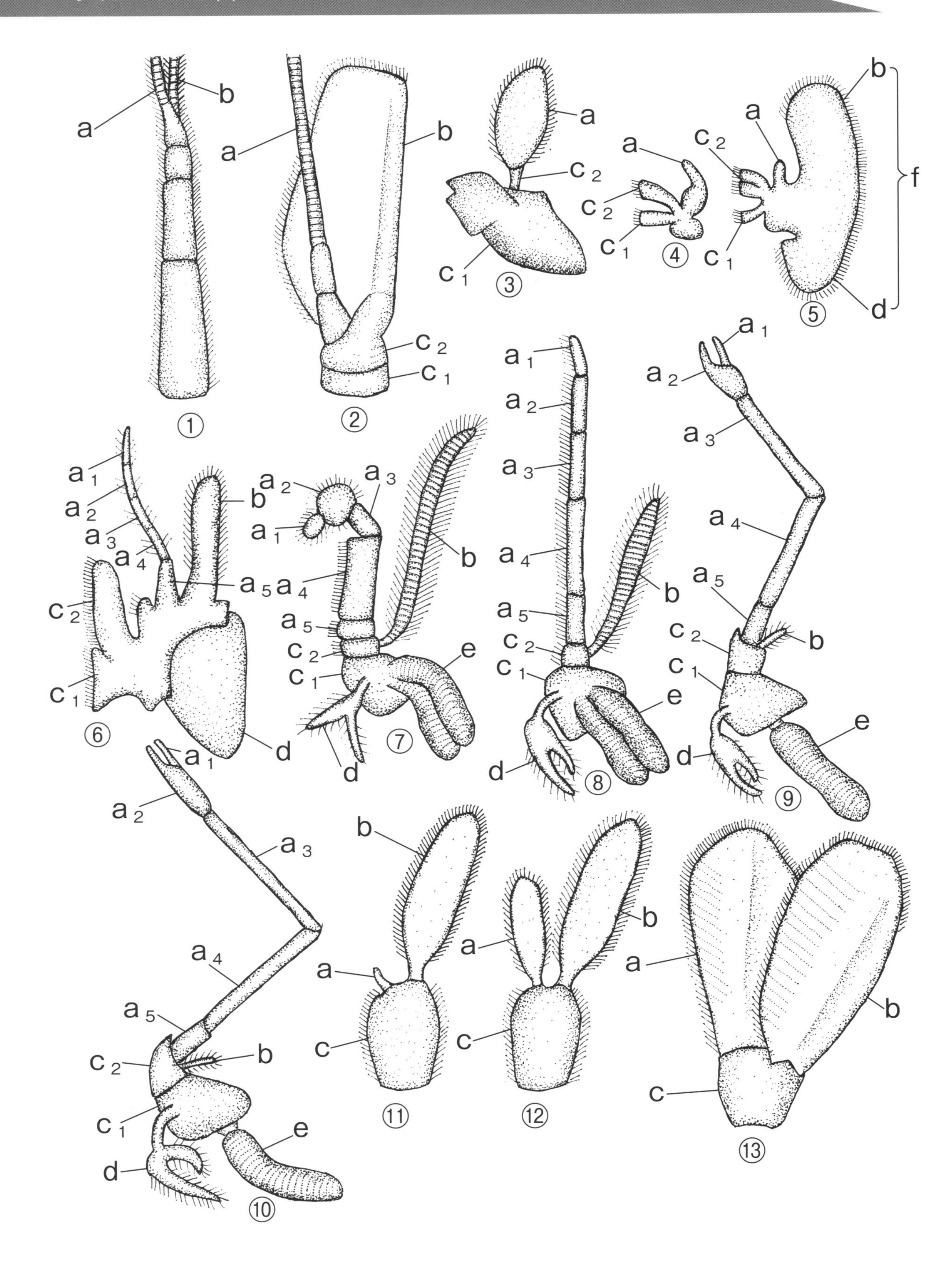

a
b
①
a
b
c 2
c 1
②
a
c 2
c 1
③
a
c 2
c 1
④
b
a
c 2
c 1
d
f
⑤
a 1
a 2
a 3
a 4
b
a 5
c 2
c 1
d
⑥
a 2
a 3
a 1
a 4
b
a 5
c 2
c 1
e
d
⑦
a 1
a 2
a 3
a 4
b
a 5
c 2
c 1
e
d
⑧
a 1
a 2
a 3
a 4
a 5
c 2
b
c 1
d
e
⑨
a 1
a 2
a 3
a 4
a 5
c 2
b
c 1
e
d
⑩
b
a
c
⑪
b
a
c
⑫
a
b
c
⑬

図版24　ウシエビ、進化する付属肢（雌）

(注)雄のものは、図版23で示す
a_1～a_5内肢の各節　a内肢　b外肢　c原節　c_1底節　c_2基節　d副肢　e鰓
f顎舟葉（がくしゅうよう）
①第１触角　②第２蝕角　③大顎　④第１小顎　⑤第２小顎　⑥第１顎脚　⑦第２顎脚　⑧第３顎脚
⑨第１歩脚　⑩第２歩脚　⑪第１腹肢　⑫第２腹肢　⑬尾肢

《図版24　解 説》

取り外して並べた付属肢。ただし、第３～５歩脚と第３～５腹肢は省略しています。

〔付属肢の基本形〕 第３顎脚に残っています。その仕組みは、原節とそこから枝分かれる内肢（ないし）と外肢（がいし）より構成される二叉肢です。

原節は底節（ていせつ）と基節（きせつ）より出来ていて、底節には鰓（えら）と副肢（ふくし）が付いています。内肢は棒状で５節、外肢は鞭状で多節です。

〔付属肢の進化〕 付属肢は、基本形からくずれて、次に示すように其々の働きに適った形状に成ります。

(1)蝕角《刺激の受容》: 内肢と外肢は、アンテナに成ります。ただし、第２蝕角の外肢は平たい板状で、遊泳時のバランサーに成ります。

(2)大顎《咀嚼》: 底節が石灰化して、臼歯状に成ります。

(3)小顎《咀嚼》: 底節・基節が、ナイフの刃状に成ります。

(4)第２小顎《鰓腔内の海水のくみ出し》: 外肢と副肢が合わさり、団扇（うちわ）状の顎舟葉を形成します。

(5)顎脚《摂取》: 内肢が短縮して、餌を口に運ぶのに適います。

(6)歩脚《歩行》: 外肢は退化して非常に小さく成りますが、内肢は長く伸びて歩行に適います。

(7)腹肢と尾肢《遊泳》: 内肢と外肢は、水を掻（か）くのに適う木の葉状に成ります。

トピックス Topics

進化の進み具合　大顎・第１小顎で、外肢が消失するものの、他の肢では二叉肢を維持しているため、基本形からの進化はあまり進んでいないと考えられます。

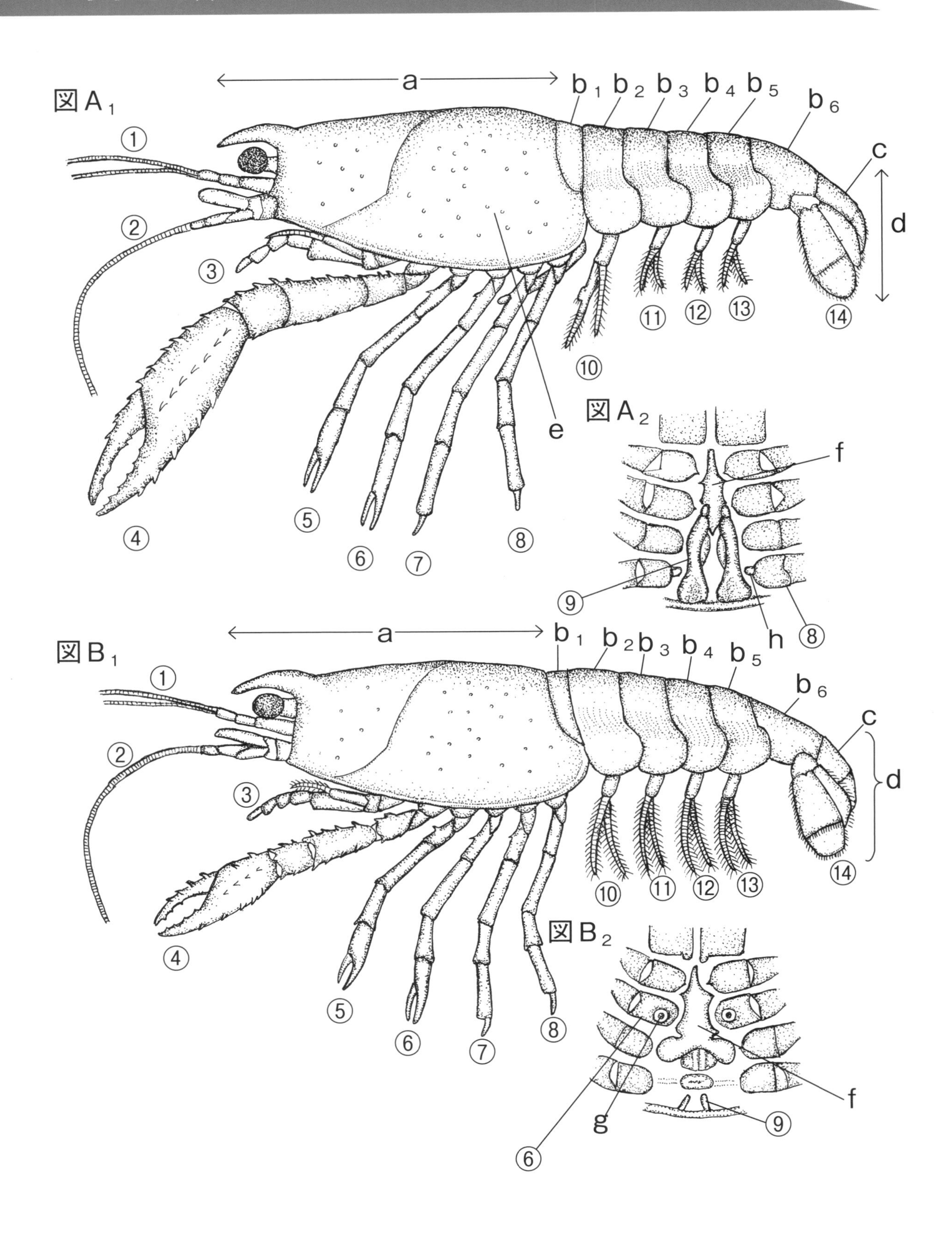
図A1
a
b1
b2
b3
b4
b5
b6
c
d
e
①
②
③
④
⑤
⑥
⑦
⑧
⑩
⑪
⑫
⑬
⑭
図A2
f
⑨
h
⑧
図B1
a
b1
b2
b3
b4
b5
b6
c
d
①
②
③
④
⑤
⑥
⑦
⑧
⑩
⑪
⑫
⑬
⑭
図B2
f
g
⑨
⑥

図版25　アメリカザリガニ、雌雄の外部

図A₁雄の側面，図A₂雄の頭胸部の腹面，図B₁雌の側面，図B₂雌の頭胸部の腹面
a頭胸部　$b_{1\sim6}$腹部の各節　c尾節　d尾扇　e甲殻　f胸板　g産卵孔　h雄性生殖口
①第１触角　②第２蝕角　③第３顎脚　④はさみ脚　⑤第１歩脚　⑥第２歩脚　⑦第３歩脚　⑧第４歩脚
⑨第１腹肢　⑩第２腹肢　⑪第３腹肢　⑫第４腹肢　⑬第５腹肢　⑭尾肢

《図版25　解 説》

雄と雌を並べて観察。

〔体の仕組み〕 ウシエビと同様に頭部５体節・胸部８体節・腹部６体節、及び尾節より構成されます。

〔歩行への適応〕 ウシエビに比べて、頭胸部と歩脚は長大になっていますが、尾扇は形成されるものの、腹部（腹節）と腹肢は短小になっています。

〔雌雄の差異〕 ［雄］はさみ脚は、雌のものに比べて長大です。第１腹肢と第２腹肢は、交接に使う交接肢になります。そのため、他の腹肢と形状が異なっています。第４歩脚の底節には、雄性生殖口が開きます。また､頭胸部腹面にある胸板の幅が雌のものに比べて狭くなっています。［雌］はさみ脚は雄のものより小さく、抱卵に使う第２～第５腹肢は雄のものより長大になります。第２歩脚の底節に産卵孔が、開きます。雄に比べて、胸板の幅が広くなっています。

以上のように、甲殻類では雌雄の差異は明確です。また、その差異は、生殖行動を支えています。

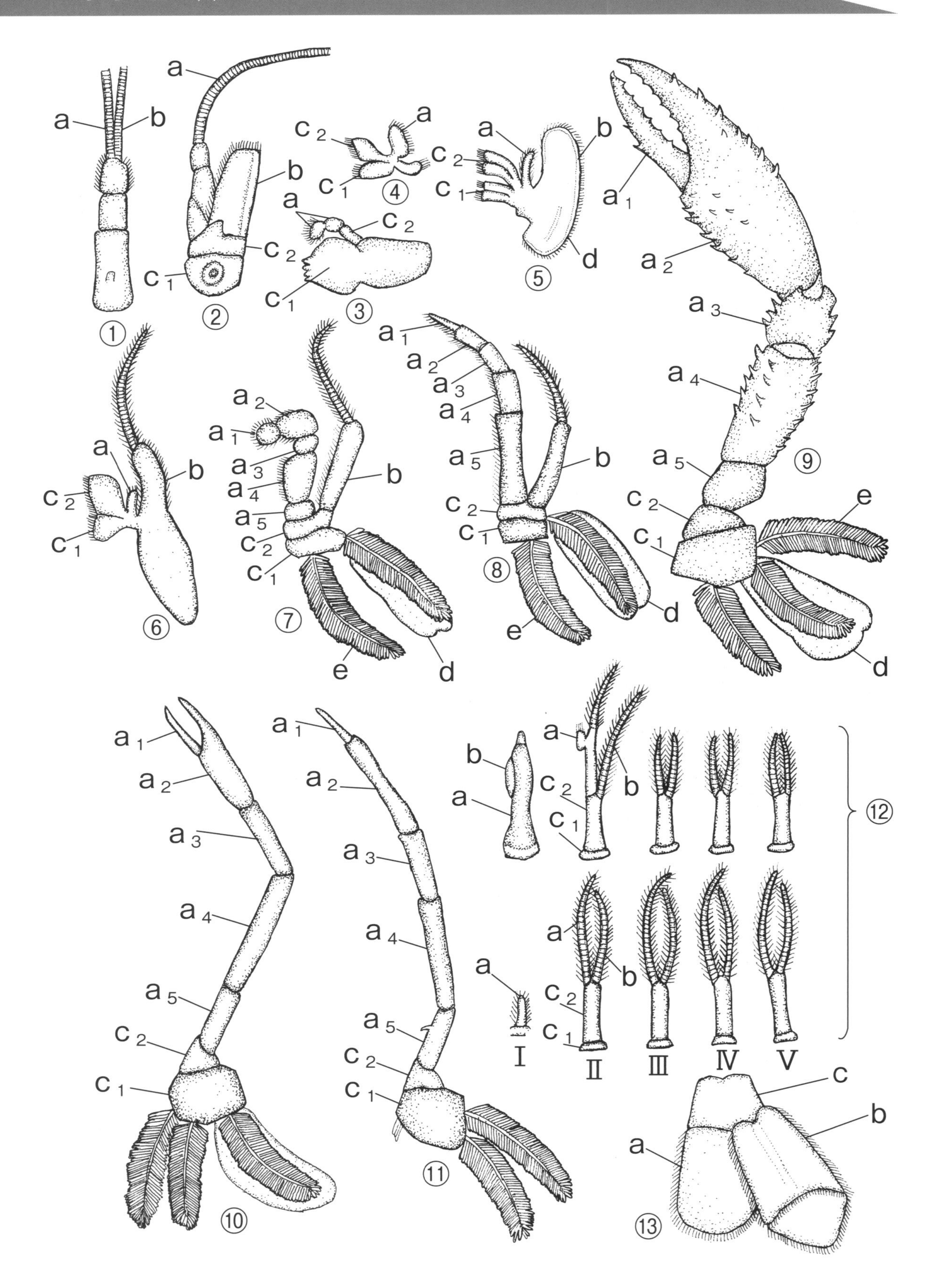

a
b
c 1
c 2
d
e
a 1
a 2
a 3
a 4
a 5
①
②
③
④
⑤
⑥
⑦
⑧
⑨
⑩
⑪
⑫
⑬
Ⅰ
Ⅱ
Ⅲ
Ⅳ
Ⅴ
c

図版26　アメリカザリガニ、進化が進む付属肢

①第１触角　②第２触角　③大顎　④第１小顎　⑤第２小顎　⑥第１顎脚　⑦第２顎脚　⑧第３顎脚
⑨はさみ脚　⑩第１歩脚　⑪第３歩脚　⑫第１～第５腹肢（上列は雄、下列は雌）　⑬尾肢
a_1～a_5内肢の各節　a内肢　b外肢　c_1底節　c_2基節　c原節　d副肢　e鰓

《図版26　解 説》

取り外して並べた付属肢。ただし、第２歩脚と第４歩脚は省略しています。

〔付属肢の基本形〕 第３顎脚は、ウシエビのものと酷似しています。

〔付属肢の進化〕 前方の付属肢から順にウシエビのものと比べます。

(1)触角　概ね似ていますが、第２触角の外肢がウシエビのものに比べて小形になります。

(2)口器　大顎１対・小顎２対・顎脚３対は、ウシエビのものと酷似します。

(3)歩脚　ウシエビのものに比べて長大で頑丈になるとともに、外肢を消失して基本形の二叉肢から棒状肢になっています。その中で、前端のものは、はさみ脚に分化して歩行には使わずに攻撃や捕食に使っています。

(4)腹肢　ウシエビのものに比べて小さくなりますが、雌の第１腹肢を除いて二叉肢を維持しています。ただし、内肢、外肢ともに水を掻（か）くのに適さない紐（ひも）状をしています。雄の第１腹肢と第２腹肢は、交接に使う交接肢になります。雌の第２～第５腹肢の内肢と外肢は、抱卵に使います。

(5)尾肢　ウシエビのものより小型ではありますが、内肢、外肢とも木の葉状で、尾節とともに尾扇を形成します。尾扇は、緊急時の遊泳に使います。

以上、口器以外の付属肢は、「歩行に適う」ように進化しています。また、遊泳に使わなくなる腹肢は、雄では交接、雌では抱卵に使っています。

トピックス Topics

進化の進み具合　二叉肢に変わって棒状肢が増えるためウシエビに比べて基本形からの進化が進んでいると考えられます。

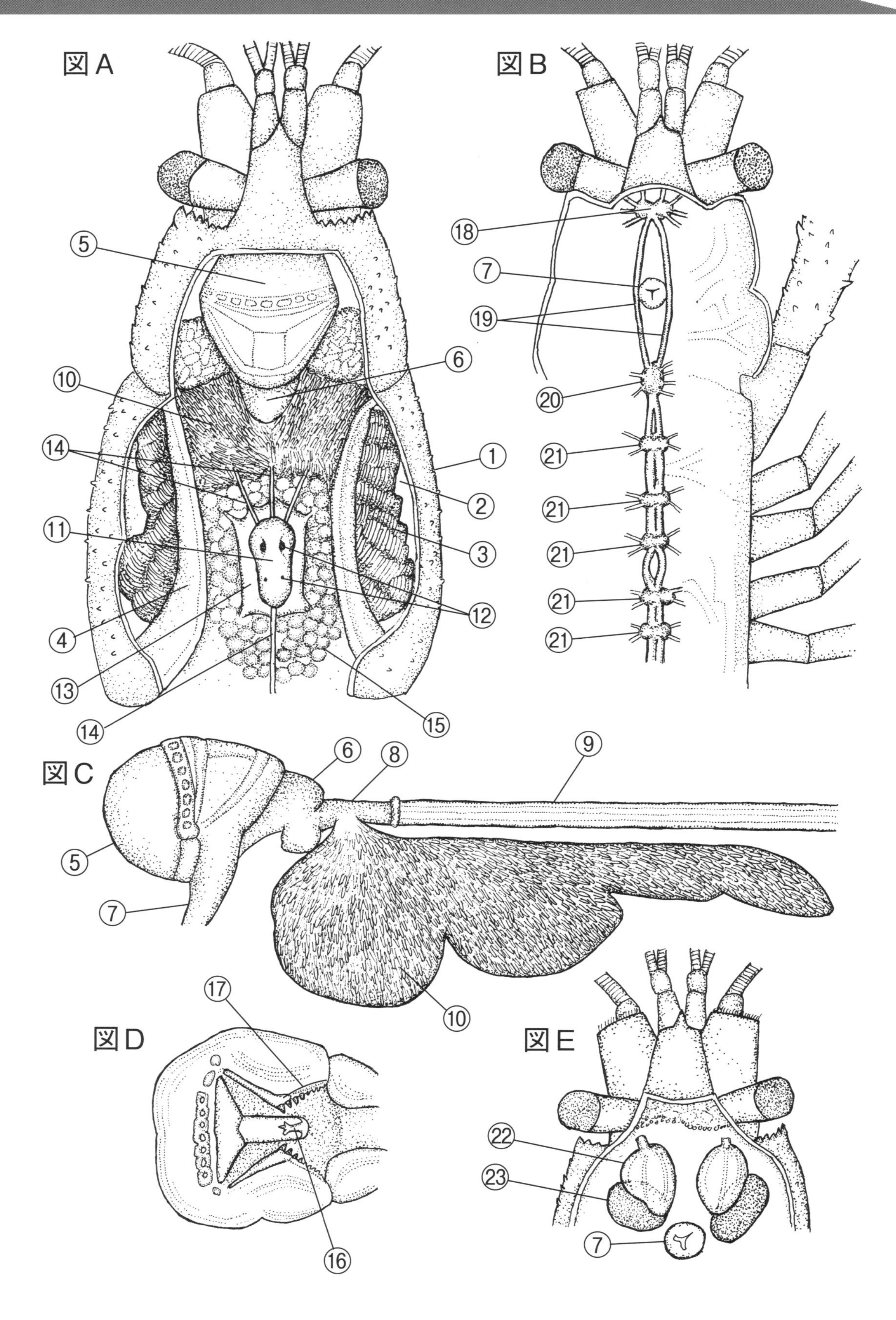
図A
図B
図C
図D
図E
①
②
③
④
⑤
⑥
⑦
⑧
⑨
⑩
⑪
⑫
⑬
⑭
⑮
⑯
⑰
⑱
⑲
⑳
㉑
㉒
㉓

図版27　アメリカザリガニ、鰓腔と内部器官（雌）

図A内部，図B神経系，図C消化器，図D胃の内部，図E排出器

①甲殻　②鰓腔　③鰓　④体壁　⑤胃の噴門部　⑥胃の幽門部　⑦食道　⑧中腸　⑨後腸　⑩中腸腺
⑪心臓　⑫心門　⑬囲心腔　⑭動脈　⑮卵巣　⑯中歯　⑰側歯　⑱脳神経節　⑲神経索　⑳頭胸部神経節
㉑胸部の神経節　㉒膀胱　㉓触角腺

図版の詳細

(1)　背側の甲殻を切り取り、露出した鰓腔と内部器官（図A）。
(2)　体から取り外した消化器（図C）。
(3)　消化器の腹側にあった中枢神経（図B）と排出器（図E）。
(4)　腹側から胃を切り開いて露出した中歯と側歯（図D）。

《図版27　解 説》

〔鰓腔〕　甲殻と体壁に挟まれた空洞で、顎脚や歩脚に付く鰓（えら）が収納されています。外界と繋がり、流入した水がつまっています（図A）。

〔内部器官〕　同じ甲殻類のミジンコによく似ていますが、大きな体を維持するために器官系の仕組みが複雑で精緻になっています。

(1)消化器　消化管は、食道、胃、中腸、及び後腸に区別されます。中腸以外は、「クチクラ」に覆われるために養分の吸収ができません。胃は、噴門部と幽門部に分かれ、内部には中歯と側歯を備えて咀嚼器（そしゃくき）も兼ねます。消化腺として中腸腺（肝臓と相同）が、中腸に付きます（図A，図C，図D）。

(2)血管系　心門（小孔）を備えた心臓は、消化管の背側にある囲心腔の中で拍動します。心門から心臓に戻った血液は、拍動により前後から出る動脈を使って全身の組織に送られます。血液は組織の隙間を流れて、囲心腔に戻ります。血管以外にも血液が流れるので開放血管系です（図A）。

(3)中枢神経　消化管の腹側にあり、縦走する1対の神経索とその連絡部（神経節）より構成されます。神経節は、元は尾節を除く各体節に1個（1対）ありましたが、頭胸部の神経節が癒合したために、神経節の数は頭胸部では7個、腹部では6個になりました。その中でも、脳神経節と頭胸部神経節は、複数の神経節が癒合（ゆうごう）してできた大きな神経節で目立ちます（図B）。

(4)排出器　頭部の腹側にあります。尿を作る触角腺（しょくかくせん）と尿を溜める膀胱（ぼうこう）より構成されます（図E）。

以上、甲殻類の鰓や内部器官は、配置も仕組みも脊椎動物と対照的です。

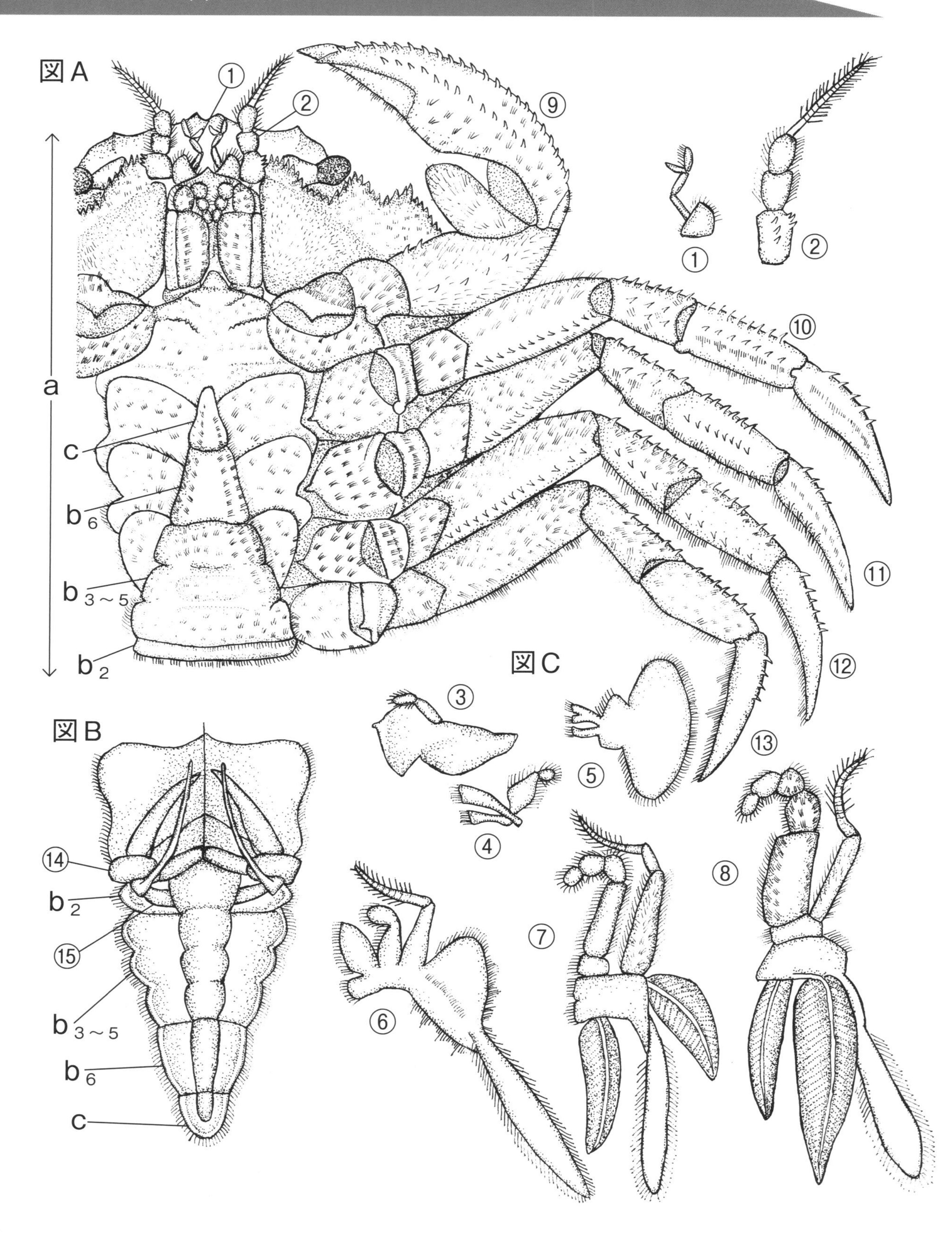
図A
①
②
⑨
a
c
b 6
b 3～5
b 2
⑩
⑪
⑫
⑬
図B
⑭
b 2
⑮
b 3～5
b 6
c
図C
③
④
⑤
⑥
⑦
⑧

図版28　ケガニ、雄の外部

（注）第１腹節は、腹面からは観察不能.

図Ａ外部（腹面），図Ｂ腹部をめくり、露出した腹肢，図Ｃ第３顎脚の内側に隠れている口器

ａ頭胸部，b_2第２腹節，$b_{3\sim5}$第３～第５腹節，b_6第６腹節，ｃ尾節

①第１触角　②第２蝕角　③大顎　④第１小顎　⑤第２小顎　⑥第１顎脚　⑦第２顎脚　⑧第３顎脚

⑨はさみ脚　⑩第１歩脚　⑪第２歩脚　⑫第３歩脚　⑬第４歩脚　⑭第１腹肢　⑮第２腹肢

《図版28　解 説》

腹面より観察

〔体の仕組み〕（エビ型からカニ型へ）　体の区分や体節の数は、エビやザリガニとも共通します。ただし、筋肉を消失して扁平になった腹部は、折れ曲がり、頭胸部の腹面に張り付きます。これが、カニの褌（ふんどし）です。

さらに、尾肢が消失して、尾節が尾扇を形成しません。そのため、腹部と尾節は運動器官としての機能を完全に失っています（図Ａ）。

〔付属肢の進化〕　蝕角２対は、極めて小型になります。顎脚３対は、短小になります。さらに、第２触角、はさみ脚、及び歩脚では、外肢を消失して棒状肢になります。歩脚にはハサミは形成されず、はさみ脚との違いが大きくなります。雄の腹肢は、交接肢になる第１腹肢と第２腹肢を除いて消失しています。付属肢の消失や棒状肢の占める割合が高いことからザリガニ以上に基本形からの進化が進んでいると考えられます（図Ａ，図Ｂ，図Ｃ）。

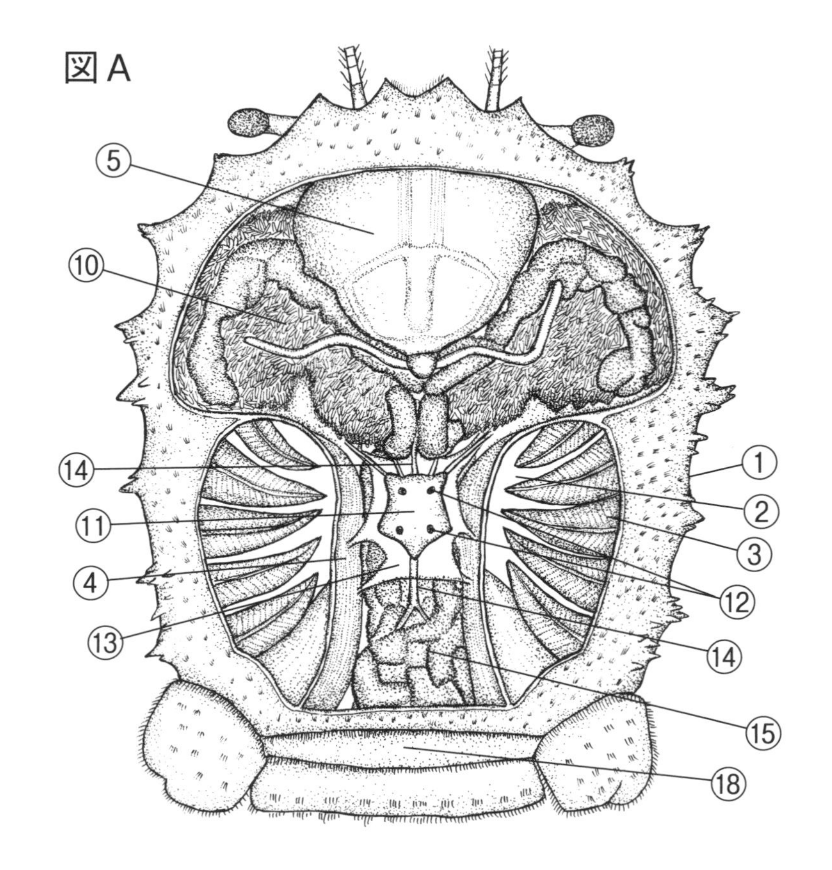
図A
⑤
⑩
⑭
⑪
④
⑬
①
②
③
⑫
⑭
⑮
⑱

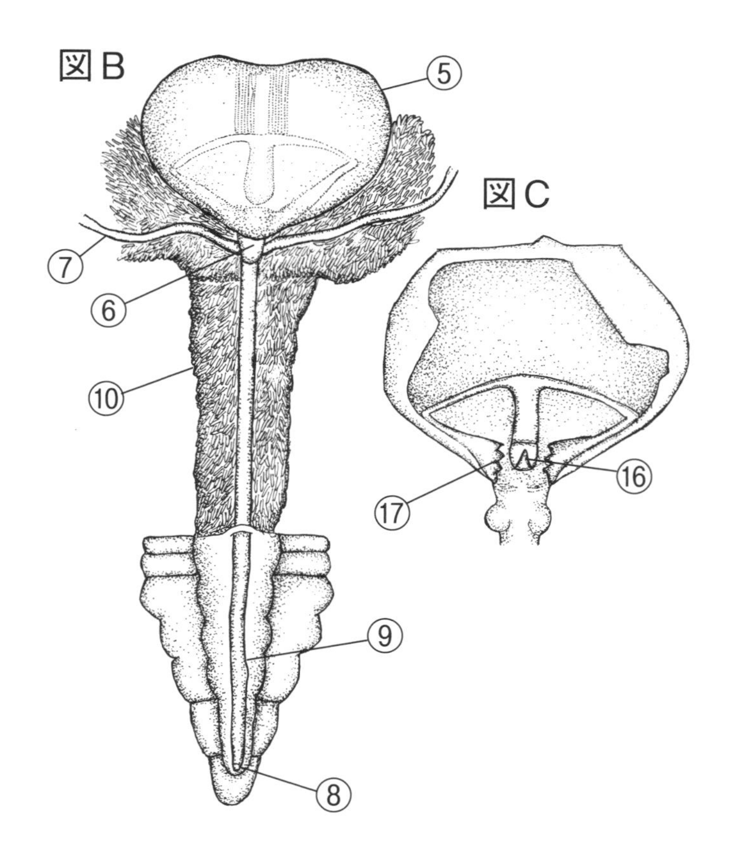
図B
⑤
⑦
⑥
⑩
⑨
⑧
図C
⑰
⑯

図版29　ケガニ、鰓腔と内部器官（雄）

図A雄の内部，図B消化器，図C胃の内部
①甲殻　②鰓腔（さいこう）　③鰓　④体壁　⑤胃の噴門部（ふんもんぶ）　⑥胃の幽門部　⑦幽門垂
⑧肛門　⑨腸　⑩中腸腺　⑪心臓　⑫心門　⑬囲心腔　⑭動脈　⑮精巣　⑯中歯　⑰側歯　⑱第１腹節

《図版29　解 説》

器官の構成と配置はもちろんのこと、胃の中に歯（図C）があるなど器官の「仕組み」もザリガニと酷似しています。ただし、幅広で上下に圧縮された体に合わせて、心臓と胃は幅広になり、後腸は腹部と共に短縮されています。また、頭胸部の左と右に大きな鰓腔ができていて、顎脚、はさみ脚、歩脚などに付く大きな鰓が収納されています。なお、図版は雄の内部器官を描いていますが、雌の場合は、胃、腸、心臓、中腸腺が、びっしりと卵巣で覆われて観察するのは容易ではありません。動物にとって次世代を残すことの重要性を痛感します。

〈コラム〉 甲殻類十脚目の付属肢　「形状」と「働き」「生態」

付属肢の形状は、「その働き」に適ったものに基本形から進化していました。さらに、歩行中心のカニ・ザリガニの付属肢を、遊泳中心のウシエビのものと比較していくと、歩脚と腹肢の形状には大きな違いがありました。すなわち、ザリガニ・カニの歩脚は、長大な棒状肢になっています。それに対して、遊泳に使う腹肢は退化的になり、雄ではペニス状の交接肢になり、雌では小枝状になって抱卵に使います。以上のこのことから、「形状」は「働き」はもちろんのこと、「生態」とも密接な関係があることが分かりました。

① 小学生C君はザリガニを解剖して、「なぜ、胃の中にも歯があるのだろう。どうして、ヒトの胃の中には歯がないのだろう」と先生に質問しました。あなたなら、どう答えますか。

② 小学生D君は、水族館でタラバガニを見て、「この大きなカニ、動き鈍いけど、海の中では何食べているの」とお父さんに質問しました。あなたなら、何を食べていると思いますか。

③ 水泳の大好き小学生E君は、「もしも、全ての人が一日中泳いでいたら、そして、そのことが100万年続いたなら、ヒトは半魚人になってしまうのか」と先生に質問しました。あなたなら、どう答えますか。

第5章
軟体動物
（図版30～図版36）

《概要》サザエを解剖して、腹足類の体と器官の仕組みを観察します。ハマグリを解剖して、二枚貝類の体と器官の仕組みを観察します。スルメイカを解剖して、頭足類の体と器官の仕組みを紹介します。さらに、綱の異なるサザエ・ハマグリ・スルメイカを比べて、「体と器官の仕組みは、軟体動物として概ね共通していること」[注23]、「貝殻、外套膜、口球、神経節などの器官は、進化して、それぞれの生態や生息環境に適う形状になっていること」を観察します。

(注23)「軟体動物固有の仕組み」とは、次の4点です。
① 軟体は、石灰質の貝殻で守られます。
② 頭・内臓塊、及び足より成る軟体には、体節がありません。
③ 外套膜によって、鰓を収めるポケット（外套腔）が形成されます。
④ 口腔から口球が形成されます。

4点全て該当するのは、サザエのみです。ハマグリは頭と口球を失っています、スルメイカは貝殻が退化して痕跡的になっています。

【この章でスケッチした動物のプロフィール】

11. サザエ：軟体動物門・腹足類（巻貝）

潮間帯から水深30メートルまでの岩礁に生息します。夜間、海底を動き回り海藻を歯舌で削り取って食べます。

12. ハマグリ：軟体動物・二枚貝類

潮間帯から水深20ｍの砂泥に生息します。植物プランクトンを中心とした濾過食性です。

13. スルメイカ：軟体動物・頭足類

海洋の上層で、高速で遊泳しています。動物食性で、腕足で小魚を獲り、カラストンビで齧って食べます。私たちが食肉にしているのは、傘の部分（外套膜）です。塩辛は、中腸腺から作ります。

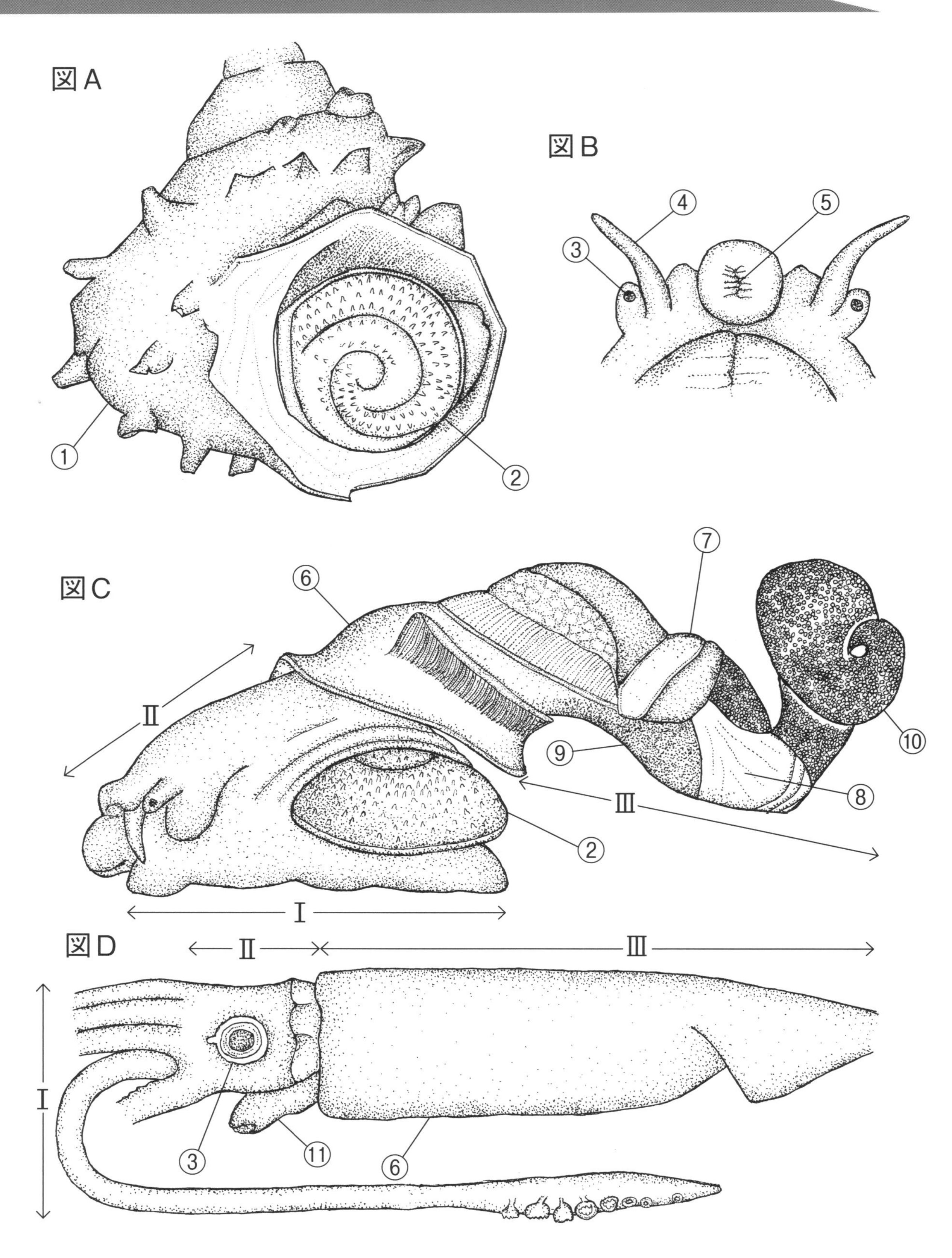
図A
①
②
図B
③
④
⑤
図C
⑥
⑦
⑧
⑨
⑩
②
Ⅰ
Ⅱ
Ⅲ
図D
Ⅰ
Ⅱ
Ⅲ
③
⑪
⑥

図版30　サザエ、腹足類の外部（雌）

図A貝殻，図B口の周辺，図C貝殻を除去して露出した軟体
図Dは、図Cと同じ方向から見たスルメイカ
Ⅰ足，Ⅱ頭，Ⅲ内臓塊
①貝殻　②蓋　③眼　④触角　⑤口　⑥外套膜　⑦囲心腔　⑧胃　⑨中腸腺　⑩卵巣　⑪漏斗（ろうと）

《図版30　解 説》

〔**軟体**〕外套膜からの分泌物である巻貝を背負い、頭と足、及び内臓塊より構成されています。ただし、甲殻類のような、体節（節目）は、見られません。そのため、頭、足、内臓塊の境目はありません。頭には口と眼、及び触角があります。口は腹側に開き、歯舌が覗きます（図B）。この歯舌を突き出して藻類を舐めて取ります。内臓塊は、外套膜に包まれています。後方では、囲心腔、中腸腺、卵巣が体表から透けて見えます。足は軟体の腹側にあり、後端には巻貝の蓋がのっています（図C）。足が腹側についているため、腹足類に分類されます。筋肉質で平たい足は、腹足類の特徴です。外部をイカ（図D）と比べると、仕組みの共通性と足や外套膜の形状の多様性が際立っています。

〔**貝殻**〕重くて丈夫な巻貝です。軟体がその中に入っている時は､蓋によってピタット栓をするため、水から出ても干からびません。足と頭を外に出している時も、内臓塊は巻貝の中に残っています（図A）。

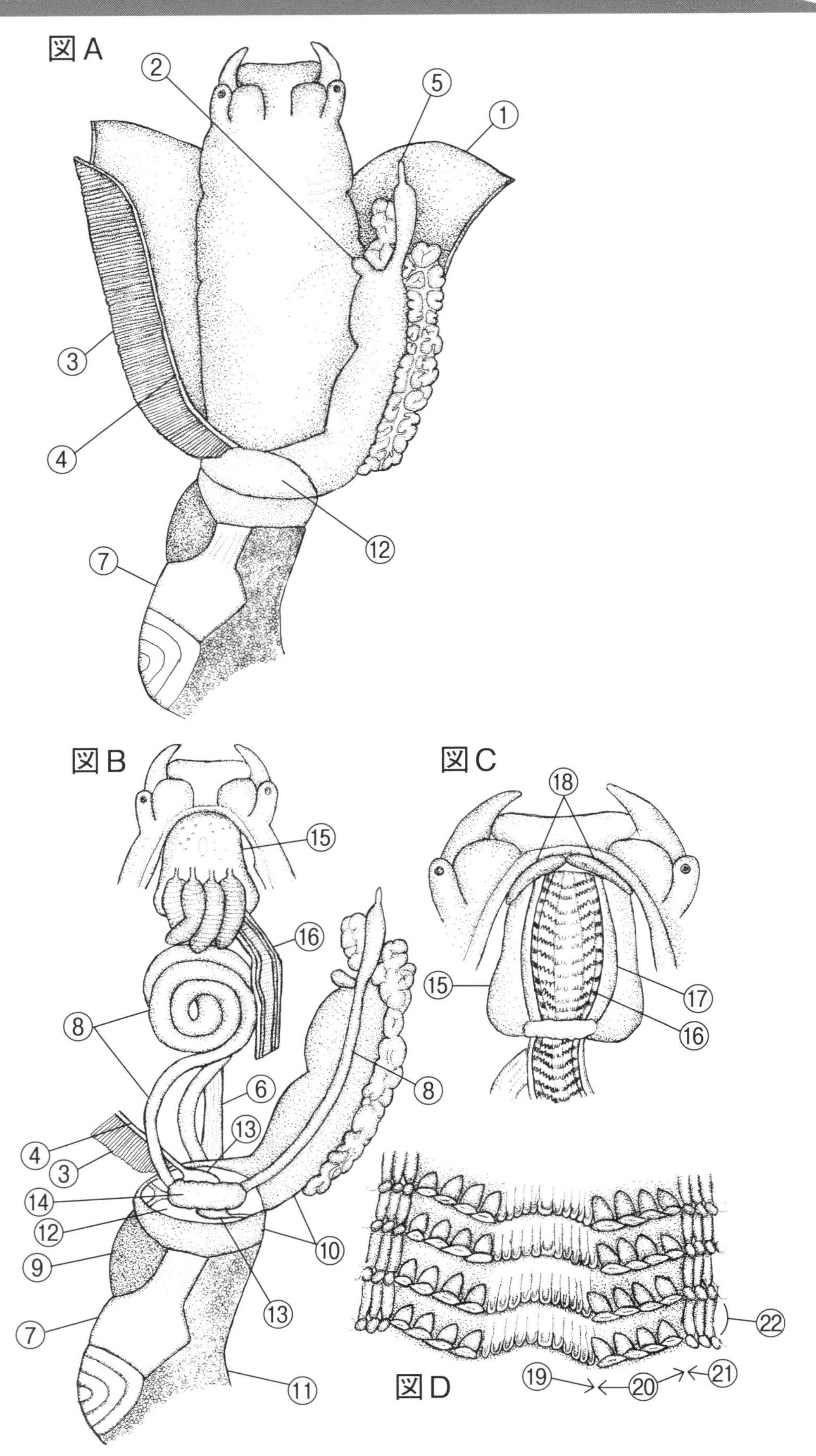
図A
②
⑤
①
③
④
⑫
⑦
図B
⑮
⑯
⑧
⑥
⑬
④
③
⑭
⑫
⑨
⑦
⑧
⑩
⑬
⑪
図C
⑱
⑮
⑰
⑯
図D
㉒
⑲
⑳
㉑

図版31　サザエ、腹足類の外套腔と内部器官（雌）

図A外套腔，図B内部器官，図C口球，図D歯舌の拡大図

①外套膜　②排出器開口　③鰓　④鰓静脈　⑤肛門　⑥食道　⑦胃　⑧腸　⑨中腸腺　⑩腎臓　⑪卵巣　⑫囲心腔　⑬心房　⑭心室　⑮口球　⑯歯舌「いわゆる歯」　⑰舌突起「いわゆる舌」　⑱顎板　⑲瓦型の小歯　⑳サメ歯型の小歯　㉑櫛の歯型の小歯　㉒歯列

図版の詳細

(1)　背側から外套膜を切り開いて露出した外套腔（図A）。

(2)　背側から頭と内臓塊を切り開いて露出した内部器官（図B）。

(3)　背面を清掃して露出した口球（図C）。

(4)　切り取ってルーペで観察した歯舌（図D）。

《図版31　解 説》

〔外套腔〕外套膜によって形成される、外界と繋がるポケットです。海水がつまっている空洞で、鰓が垂れ下がり、消化管と排出器、及び生殖器が開口しています（図A）。

〔内部器官〕

(1)　**口球と歯舌**　口腔は筋肉に包まれて、歯舌と顎板、及び舌突起を備えた口球に成ります。歯舌は、歯列が前後に連なったリボン状の摂餌器で、舌突起の上に載っています。サザエの歯列は、瓦（かわら）型・サメの歯型、及び櫛（くし）の歯型の３種類の型の小歯より構成されています。その中のサメの歯型の小歯は､海藻を削り取るのに適しています（図C，図D）。

(2)　**消化器**　消化管は､食道と胃､及び腸に区別され､胃には消化腺である中腸腺（肝臓と相同）が付いています。また、腸は心室を貫通します（図B）。

(3)　**循環器**　内臓のうの背側にある囲心腔の中で心臓は、拍動しています。その仕組みは、２つの心房と１つの心室から出来ています。心拍動によって、血液は、鰓→鰓静脈→心房→心室→動脈と循環します（図B）。

(4)　**排出器と生殖器**　腎臓は、囲心腔を囲む位置にあります。雌では緑色の卵巣が、雄では白色の精巣が、体の後端を占めています（図B）。

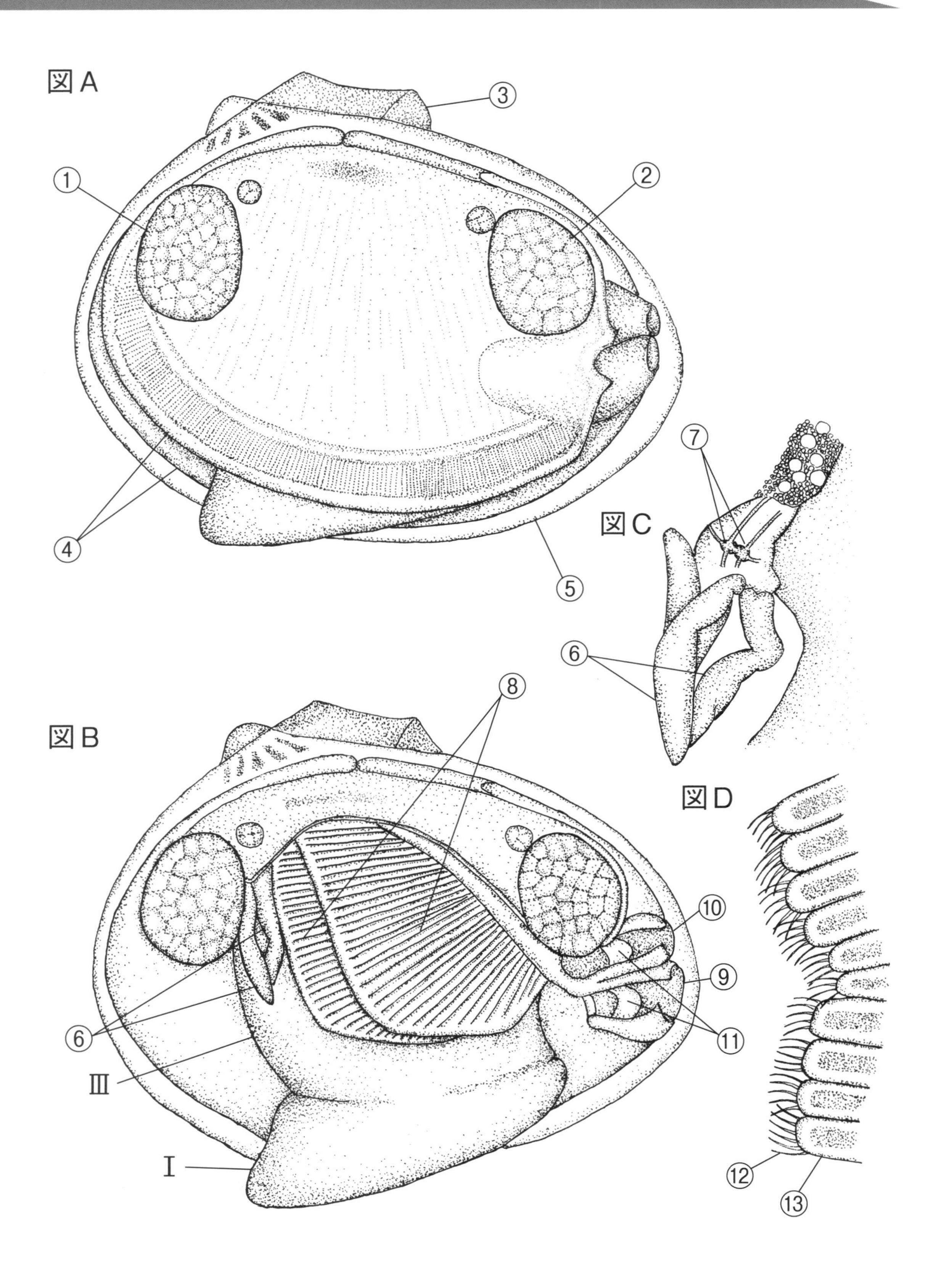
図A
①
②
③
④
⑤
図C
⑦
⑥
図B
⑧
⑩
⑨
⑪
⑥
Ⅲ
Ⅰ
図D
⑫
⑬

図版32　ハマグリ、二枚貝類の外部と外套腔

図A貝殻を除去した外部，図B露出させた外套腔，図C口の周辺，図D鰓の繊毛運動（検鏡図）

Ⅰ足，Ⅲ内臓塊

①前閉殻筋　②後閉殻筋　③靭帯（じんたい）　④外套膜　⑤貝殻　⑥唇弁（しんべん）　⑦脳神経節　⑧鰓　⑨入水管　⑩出水管　⑪弁　⑫繊毛　⑬鰓の上皮細胞

《図版32　解 説》

〔軟体〕 2枚の貝殻に挟まれ、内臓塊と斧型の足から構成されています。

内臓塊は､外套膜に包まれています。「頭が消失していること」「2枚の貝殻に挟まれていること」「大きな閉殻筋（貝柱）があること」が、二枚貝類の軟体の外部の特徴です（図A）。

〔外套腔〕 外界と繋がるポケットで、外套膜によって形成されます。海水がつまる空洞で鰓が垂れ下がり消化管と排出器、及び生殖器が開口します。以上の仕組みは、サザエとも共通します（図版31参照）。ただし、外套膜から弁を備えた入水管と出水管が新たに形成されています（図B）。

〔鰓〕 海水とガス交換する呼吸器です。表面にはびっしりと繊毛が生えています。繊毛運動によって入水管から新鮮な海水を吸い込み、代わりに呼吸に使った海水を出水管から排出します。同時に、繊毛運動は、海水中の微粒子（植物プランクトン等）を唇弁（しんべん）のある口にまで運ぶ役割もします。そのため、摂餌器も兼ねています（図B，図D）。

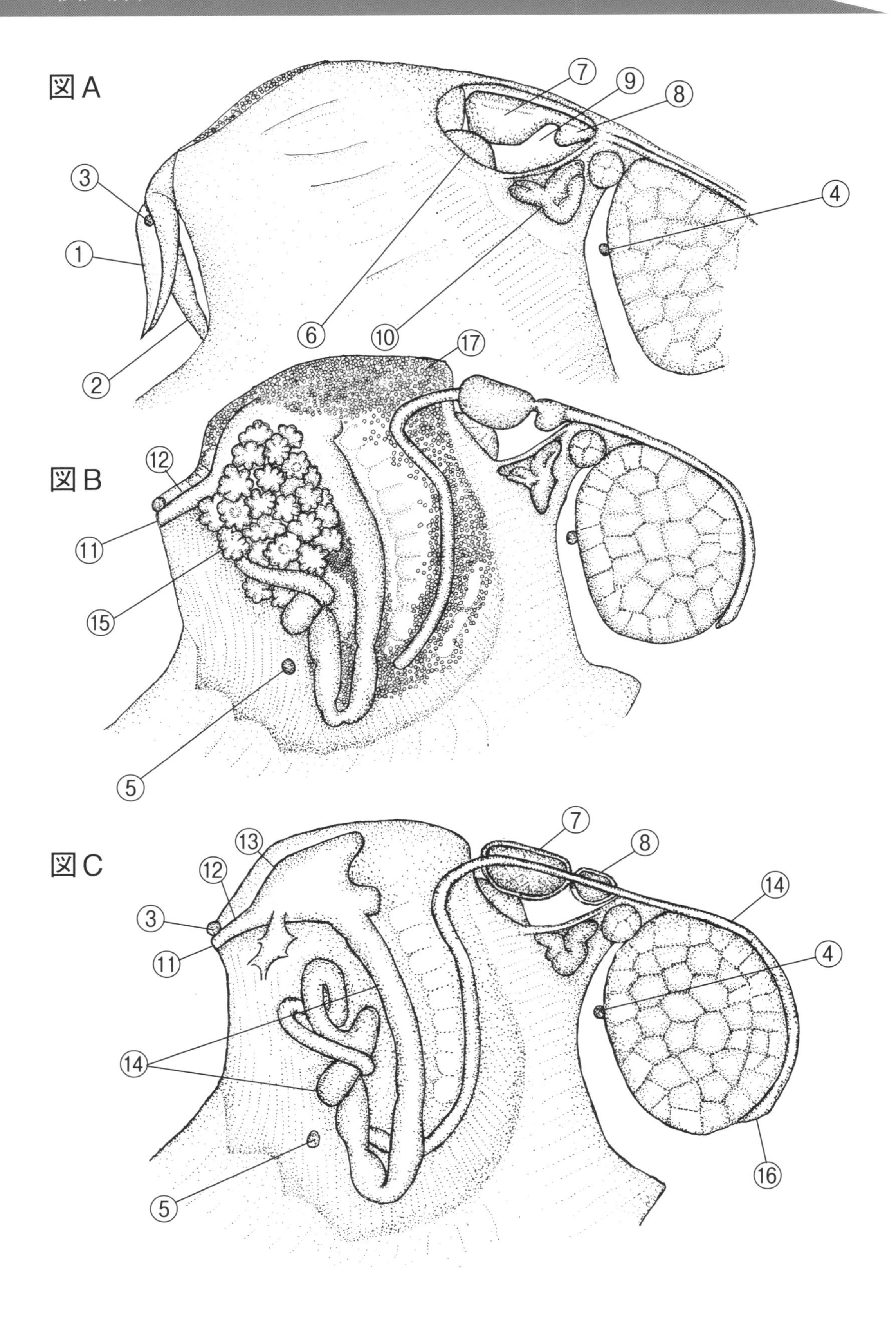
図A
③
①
②
⑦
⑨
⑧
④
⑥
⑩
⑰
図B
⑫
⑪
⑮
⑤
図C
⑬
⑫
③
⑪
⑦
⑧
⑭
④
⑭
⑤
⑯

図版33　ハマグリ、二枚貝類の内部器官（雌）

図A心臓と腎臓，図B内部器官，図C消化管の全形

①上唇弁　②下唇弁　③脳神経節　④内臓神経節　⑤足神経節　⑥心房　⑦心室　⑧動脈球　⑨囲心腔
⑩腎臓　⑪口　⑫食道　⑬胃　⑭腸　⑮中腸腺　⑯肛門　⑰卵巣

図版の詳細

(1)　外套膜や鰓を切り取り、露出した脳神経節・心臓・腎臓（図A）。
(2)　内臓塊を切開して、露出した内部器官（図B）。
(3)　卵巣と中腸腺を取り除いて、露出した消化管（図C）。

《図版33　解 説》

〔消化器〕 口には、運ばれてきた餌を分別する唇弁が付いています。口腔は、口球を形成しません。長く伸びた消化管は、食道、胃、及び腸に大別されます。腸は、心室を貫通します。消化腺として、大きな中腸腺が胃に付いています。

〔循環器〕 ２心房１心室より成る心臓は、背側にある囲心腔の中で拍動しています。血管系の発達は悪く、太い血管は見当たりません。

〔排出器・生殖器〕 腎臓は、囲心腔に近接します。雌には卵巣、雄には精巣があります。卵巣（精巣）は産卵期が近づくと発達し、内臓塊の大半を占めるようになります。

〔神経系〕 神経節は集まることなく、口の近くに脳神経節、足の付け根に足神経節、後閉殻筋の壁に内臓神経節と散在します。太い神経はありません。

以上、「発達した消化器」、それに反して「発達の悪い血管系と神経系」「口球を形成しない唇弁を備えた口」が､ハマグリの内部器官の特徴であります。ハマグリの内部器官は､ハマグリの生活にとって支障はなく、むしろ適っています。この観察からも進化は進歩することではなく、生活環境への適応をもたらすことが分かります。

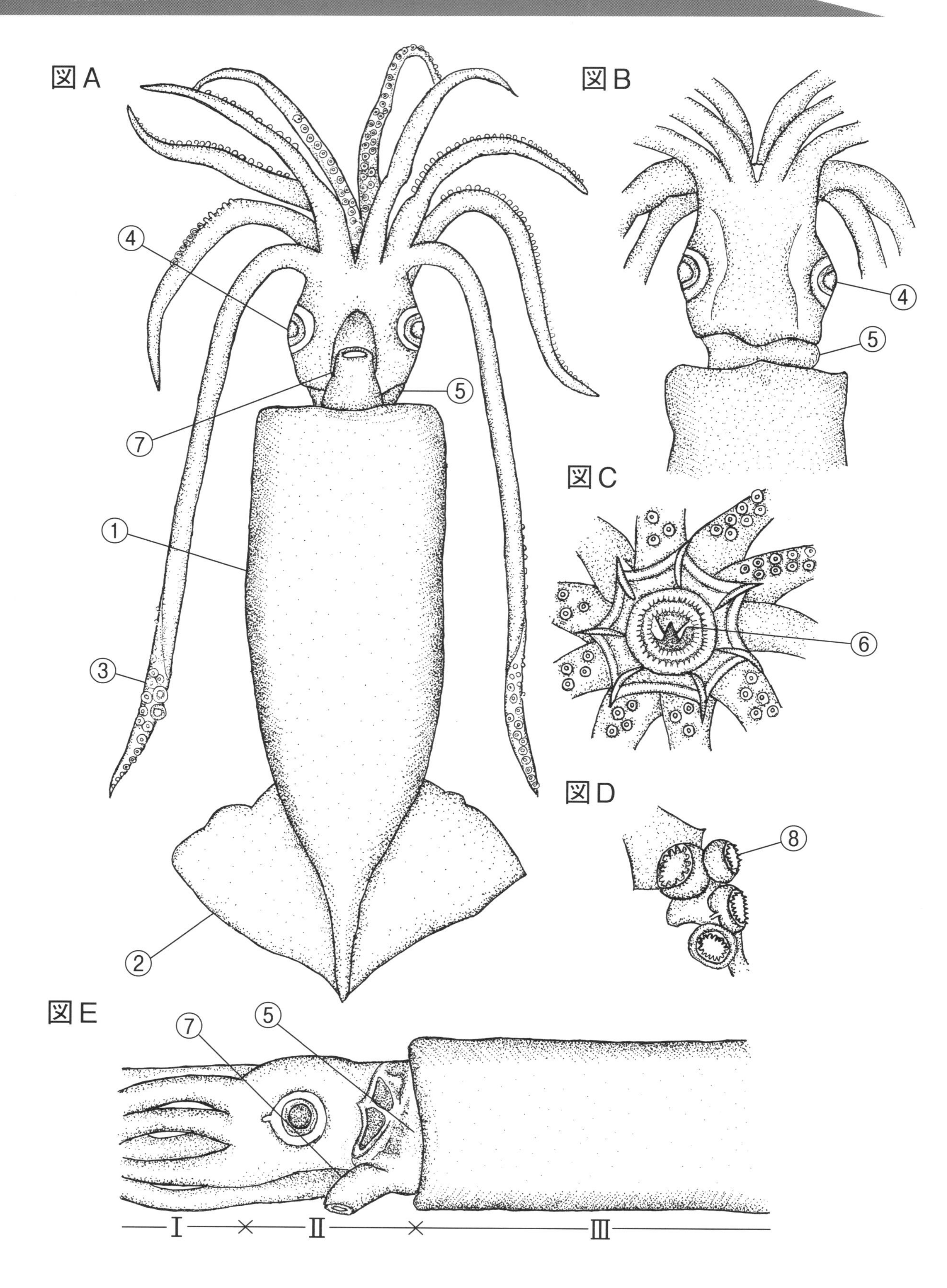
図A
④
⑤
⑦
①
③
②
図B
④
⑤
図C
⑥
図D
⑧
図E
⑦
⑤
Ⅰ
Ⅱ
Ⅲ

図版34　スルメイカ、頭足類の外部

図A全形（腹面），図B頭（背面），図C口の周辺，図D腕足にある吸盤，図E側面

Ⅰ足　Ⅱ頭　Ⅲ内臓塊

①外套膜　②鰭（ひれ）　③腕足　④眼　⑤軟骨　⑥口球「カラストンビ」　⑦漏斗（ろうと）　⑧吸盤

《図版34　解 説》

図Aは、イカの全形図。図B～図Eは各部の拡大図です。サザエの外部と比べます。軟体は、サザエと同様に頭･内臓塊、及び足より構成されますが、サザエのように貝殻を背負っていません（図E）。頭と内臓塊の堺に、堅い軟骨があります。頭には、サザエと同様に口、及び眼がありますが、脊椎動物の「耳」「鼻」に当たる感覚器はありません（図A）。

内臓塊は、厚い筋肉質の外套膜に包まれています。外套膜の前端にはロート、後端には鰭（ひれ）が形成されます。ロートの側が腹面（図A）、その反対側が背面に成ります（図B）。鰭は、遊泳の際のバランサーに成ります。足は10本の紐（ひも）で、口を囲むように、頭についています（図C）。そのため、頭足類に分類されます。10本の足のうちの２本は、長大な腕足（わんそく）で、餌をとるときに使います。そのため、腕足の先方には、吸盤がたくさんついています（図D）。口からは、鳥のくちばしのようなカラストンビが、覗いています（図C）。

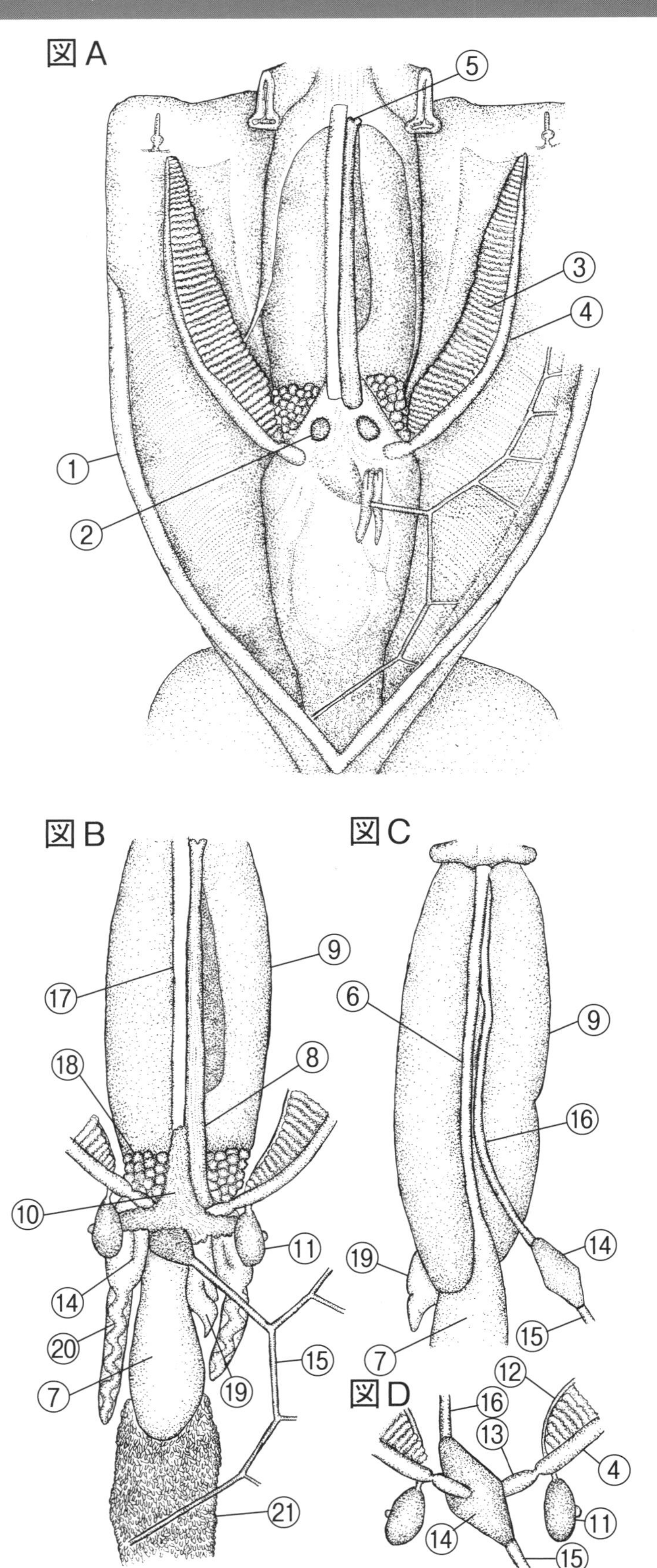
図A
⑤
③
④
①
②
図B
図C
⑨
⑰
⑥
⑨
⑱
⑧
⑯
⑩
⑪
⑭
⑲
⑭
⑳
⑮
⑦
⑮
⑦
⑲
図D
⑫
⑯
⑬
④
㉑
⑪
⑭
⑮

図版35　スルメイカ、頭足類の外套腔と内臓（雌）

図A外套腔，図B内臓（腹側），図C内臓（背側），図D心臓の周辺

①外套膜　②排出器開口　③鰓　④鰓静脈　⑤肛門　⑥食道　⑦胃　⑧腸　⑨中腸腺　⑩腎臓　⑪鰓心臓　⑫鰓動脈　⑬心房　⑭心室　⑮後大動脈　⑯前大動脈　⑰大静脈　⑱すい臓　⑲盲のう　⑳輸卵管　㉑卵巣

図版の詳細

(1)　腹側から外套膜を切り開いて露出した外套腔（図A）。

(2)　内臓を包む袋を取り除いて露出した内臓（図B）。

(3)　外套膜を剥ぎ取った後、中腸腺を裏返して露出した食道と前大動脈（図C）。

(4)　心臓の周辺を清掃して露出した血管（図D）。

《図版35　解 説》

〔外套腔〕外套膜によって形成される、外界と繋がるポケットです。海水がつまっている空洞で鰓が垂れ下がり、消化管と排出器、及び生殖器が開口します（図A）。

〔呼吸運動と遊泳〕外套膜を激しく収縮させ、漏斗（ろうと）から外套腔内に溜まっている海水を吐き出して、その力で高速遊泳します。空になった外套腔には、外界から新鮮な海水が流入し、鰓でガス交換します。すなわち、呼吸運動で生まれた力で遊泳します。漏斗には漏斗索引筋が付着していて、必要に応じて噴射口の角度を変えることができます（図版36参照）。

〔内臓〕

①消化器　消化管は、食道、胃、盲嚢（もうのう）、及び腸に区別され、消化腺のすい臓と中腸腺（肝臓と相同）がそれに付いています。胃は筋肉性の袋で、食物が入ると膨らみます。

②血管系　心臓は、サザエと共通の２心房１心室です。ただし、左右の鰓の付け根には、鰓心臓（補助心臓）が加わります。血液は、大静脈→［腎臓］→鰓心臓→鰓動脈→［鰓（えら）］→鰓静脈→心房→心室→後大動脈（前大動脈）と流れます。鰓静脈は極太で、前大動脈と後大動脈の血管壁は厚い。

③排出器・生殖器　腎臓は心臓の周りに、卵巣（精巣）は体の後端にあるのはサザエとも共通しますが、卵巣（精巣）には輸卵管（輸精管）が付いています（図B，図C，図D）。

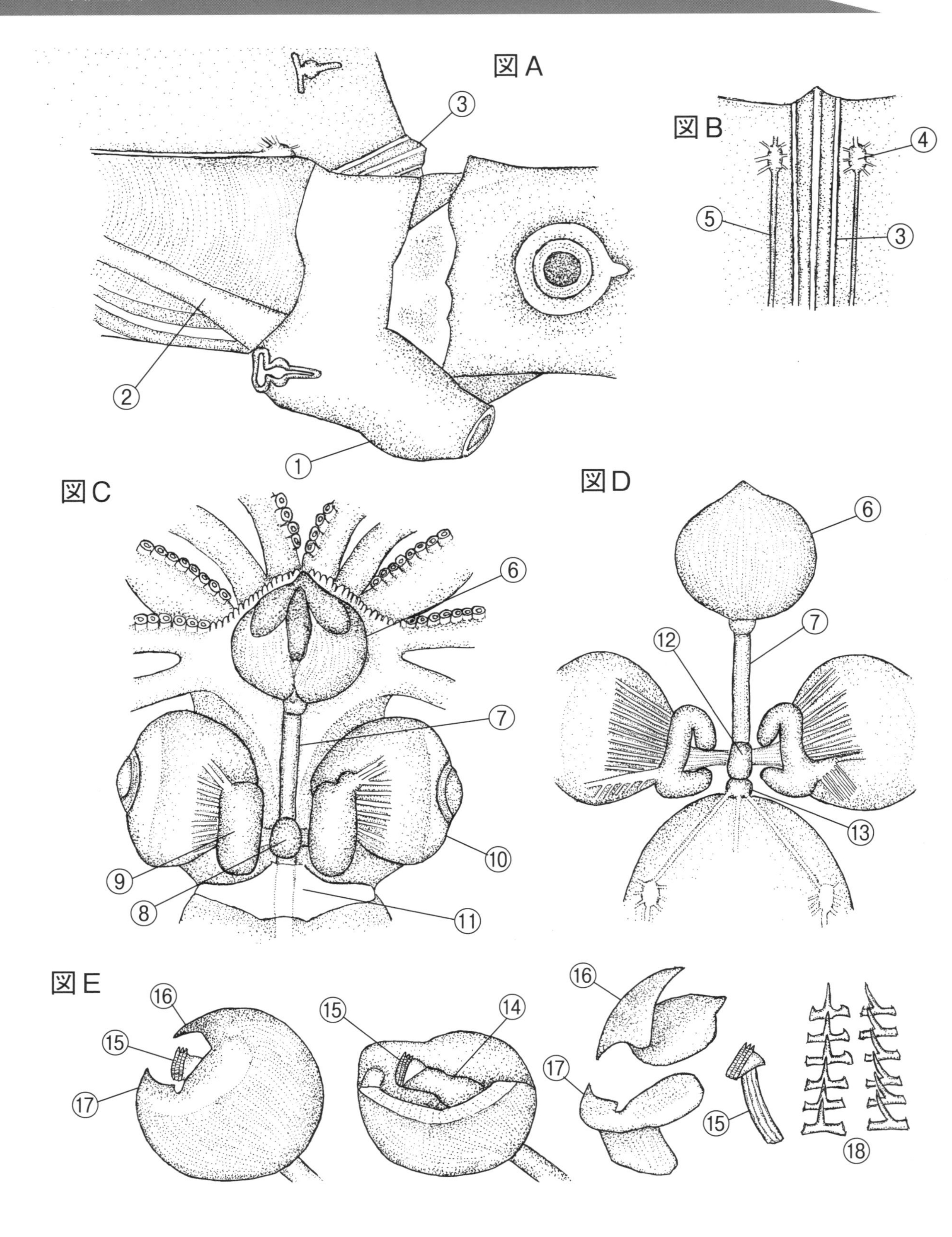
図A
①
②
③
図B
③
④
⑤
図C
⑥
⑦
⑧
⑨
⑩
⑪
図D
⑥
⑦
⑫
⑬
図E
⑭
⑮
⑯
⑰
⑱

図版36　スルメイカ、頭足類の神経系・口球・貝殻

図A漏斗と漏斗索引筋，図B外套膜の内側，図C頭の内部器官（背側），
図D頭の内部器官（腹側），図E口球の仕組み

①漏斗　②漏斗索引筋（ろうとさくいんきん）　③貝殻　④星状神経節　⑤外套神経　⑥口球　⑦食道　⑧脳神経節　⑨眼神経節　⑩眼球　⑪軟骨　⑫足神経節　⑬内臓神経節　⑭舌突起「いわゆる舌」　⑮歯舌「いわゆる歯」　⑯上顎板　⑰下顎板　⑱検鏡した歯舌

図版の詳細

(1)　内臓塊を倒し、漏斗のしくみを観察します（図A）。
(2)　剥いだ外套膜で、星状神経節と外套神経、及び貝殻を観察します（図B）。
(3)　頭を背側より切り開き、露出した中枢神経・眼球・食道・口球（図C）。
(4)　頭を腹側より切り開き、露出した中枢神経・眼球・食道・口球（図D）。
(5)　口球を解剖して、露出した顎板、歯舌、歯舌突起。なお、歯舌は150倍で検鏡し、眼球からは水晶体を切り出して観察します（図E）。

《図版36　解 説》

〔神経系と眼球〕大きな神経節（眼神経節・脳神経節・足神経節・内臓神経節）が食道を囲むように集まり、中枢神経（脳）を形成します。また、外套膜にも大きな星状神経節があり、ここから後方に外套神経が長く伸びています。眼球は大きくて、頭の大半を占めます。水晶体が有り脊椎動物の眼球と仕組みは酷似します。ただし、イカの水晶体は球形で、押しても堅くて形が変わりません（図C，図D）。

〔口球〕サザエと同様に、歯舌と顎板、及び舌突起を備えます。顎板は、カラストンビともいわれ鳥の嘴（くちばし）に似ています。歯舌は、サザエのものに比べると短小です。また、歯列を構成する小歯の形状は、刺型で肉をすり潰すのに適っています。獲物は、顎板で噛みちぎられ、歯舌で咀嚼されます（図E）。

〔貝殻〕外套膜背側に埋まる薄片です。軽量で、運動の妨げにはなりません（図B）。

Topics トピックス　進化して、生息環境に適応した腹足類、二枚貝類、頭足類

(1) **サザエ**　進化で獲得した「① 背負う巻貝　② 平たい筋肉質の足　③ サメの歯型の大きな小歯からなる歯舌」は、波の洗い岩礁を這って海藻を食すには適っています。

(2) **ハマグリ**　進化で獲得した「① 斧形の足　② 伸びる水管　③ 開閉の容易な貝殻　④ 摂餌器も兼ねる鰓」は、砂泥に潜り、水管を出して濾過食性する生活に適っています。また、頭・眼・口球（歯舌）の消失もその生活には、支障がありません。

(3) **イカ**　進化で獲得した「① 海水のジェット噴射による高速遊泳　② 魚を捕らえるための吸盤のある長大な腕足　③ 嘴（くちばし）のようなカラストンビ　④ 刺（とげ）型の小さな小歯より成る歯舌　⑤ 食物で大きく膨らむ胃　⑥ 消化吸収のための大きな中腸腺　⑦ 発達した血管系　⑧ 貝殻が退化した身軽な軟体　⑨ 水晶体を持つ大きな眼球　⑩ 発達した中枢神経」は、海中でハンターとしての生活に適っています。

① 中学生のＡ君は、学校でハマグリの解剖をしました。眼も頭もなく、発達した神経系も、太い血管もないハマグリを見て、「なんて進化が遅れているのか、いつになったら、進化してイカのようになれるのか」と、疑問をもちました。あなたならどう答えますか。

② 中学生のＢ君は、イカの解剖をして、球形の眼球を見て「なぜ、ヒトのように楕円体だといけないのか。もし、楕円体ならどんな不都合があるのか」などの疑問を持ちました。あなたならどう答えますか。

第6章
棘皮動物、ナマコ類

(きょくひ)

（図版37～図版38）

【概要】 マナマコを解剖して、棘皮動物、及びナマコ類の体（器官）の仕組みを観察しました。棘皮動物には、脊椎動物、節足動物、軟体動物には見られない特異的な体（器官）の仕組み[注24]があるため、観察すると動物界の多様性が実感できます。その中でも、マナマコを選んだのは、大形で水産物として容易に入手できるためです。

（注24）① 水管である管足によって、移動とガス交換が行われます。② 体や器官の仕組みは、５放射相称を基本とします。③ 無数の骨片の埋まっている体壁は、堅くてごつごつしています。④ 眼・耳・鼻など、まとまった感覚器を持っていません。⑤ 排出器・心臓・中枢神経を持っていません。⑥ 体壁の大部分は皮膚が占めるため、筋肉は発達していません。

【第６章でスケッチした動物のプロフィール】

14. マナマコ：棘皮動物門・ナマコ類

クロナマコ、アカナマコ、アオナマコとして市販されています。潮間帯から水深40ｍまでの砂礫底に生息します。砂泥を摂食し、その中に含まれる微生物や海藻などを栄養にします。体壁を切開くと露出する「大きな体腔に収納された内臓」「５放射相称に配置する縦走筋と水管系」は必ず見てください。また、卵巣の中の卵、体壁中に散らばる骨片は、顕微鏡で観察するとその美しさに感動します。

今まで取り上げた動物は、全て左右対称です。そのため、体には前後、左右があります。しかし、地球上には左右対称でない、放射対称の棘皮動物がいます。マナマコは、ユニークな棘皮動物です。

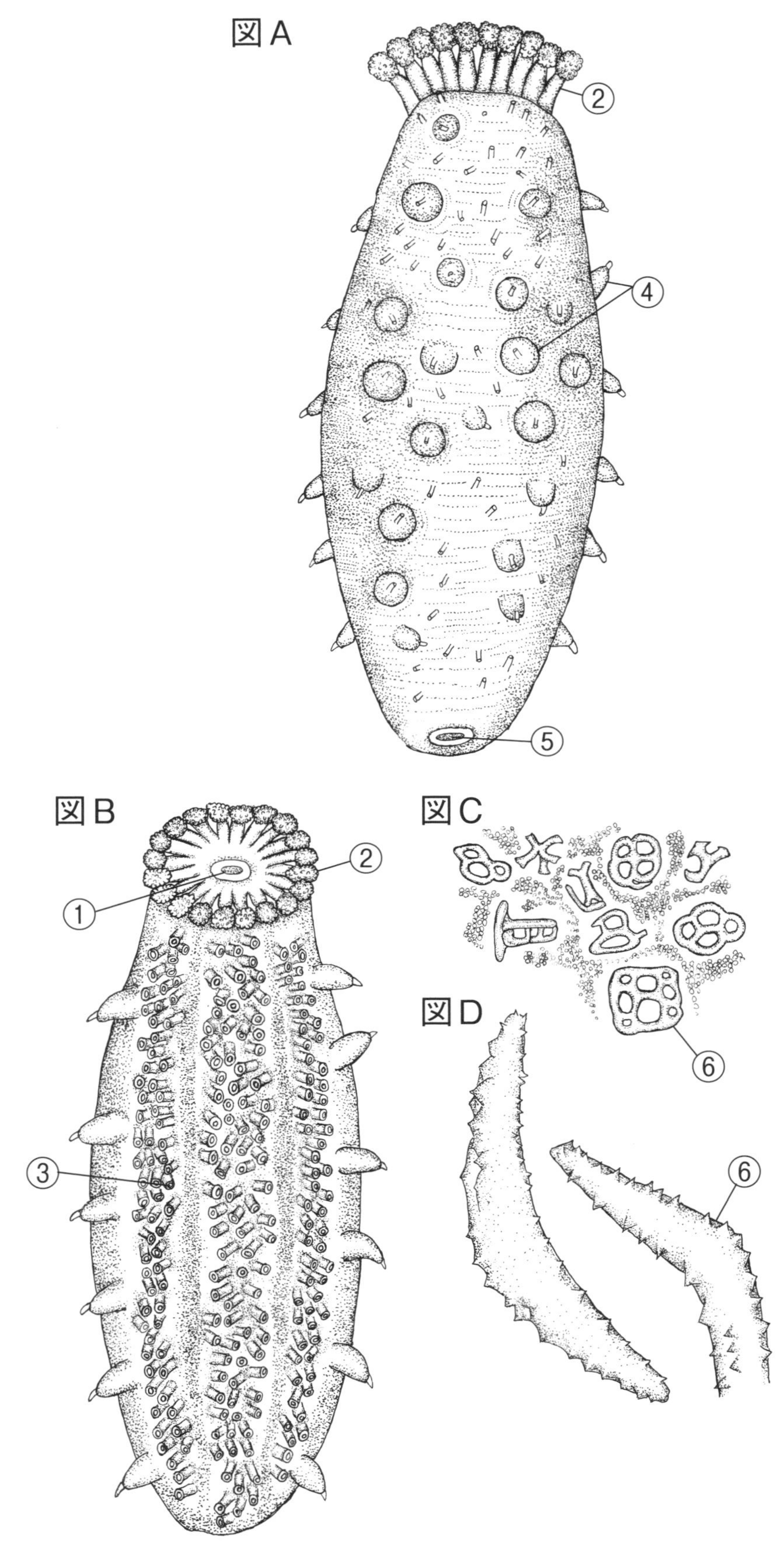
図A
②
④
⑤
図B
②
①
③
図C
⑥
図D
⑥

図版37　マナマコ、棘皮動物の外部

図A背面図，図B腹面図，図C皮膚の骨片（検鏡図），図D触手の骨片（検鏡図）

①口　②触手　③管足　④疣足（いぼあし）　⑤肛門　⑥骨片

図Cは皮膚の表皮、図Dは触手の表皮を150倍で検鏡した図です。

《図版　解 説》

〔**外部**〕 本来5放射対称の体が転倒して、背面と腹面が分化して左右対称になっています。腹面の前端に口、背面の後端に肛門が開きます。背面は丸みを帯び、多様な形状の疣足（いぼあし）が列になります。腹面は平坦で、管足（かんそく）が3縦列します。口の周りには、5の倍数である20本の触手が付いています。管足は運動と呼吸（海水とのガス交換）に、触手は食物である泥を口に運ぶのに使います。触手（しょくしゅ）と疣足（いぼあし）は、管足から変形した水管です。頭や「まとまった感覚器」はありません（図A，図B）。

〔**骨片**〕 皮膚と管足、及び触手の中には、微小なボタンやキュウリのような無数の骨片が散りばめられています（図C，図D）。

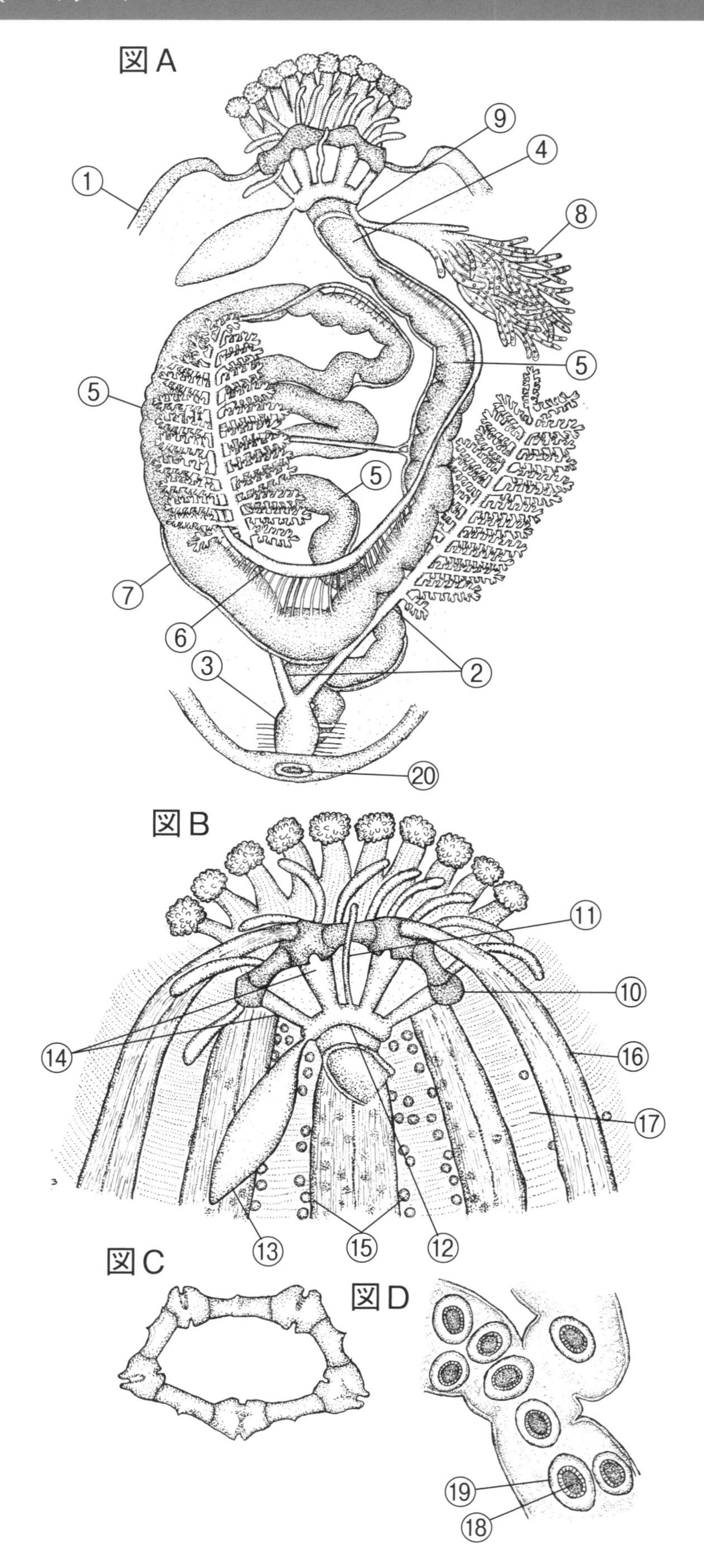
図A
①
②
③
④
⑤
⑤
⑤
⑥
⑦
⑧
⑨
⑳
図B
⑩
⑪
⑫
⑬
⑭
⑮
⑯
⑰
図C
図D
⑱
⑲

図版38　ナマコ、棘皮動物の内部（雌）

図A内部，図B水管系と筋肉，図C石灰環，図D卵巣（検鏡図）

①皮膚　②水肺　③総排出口　④食道　⑤腸　⑥背側腸血管　⑦腹側腸血管　⑧卵巣　⑨輸卵管
⑩石灰環　⑪石管　⑫環状水管　⑬ポーリ氏嚢　⑭放射水管　⑮瓶嚢（びんのう）　⑯縦走筋
⑰輻筋（ふくきん）　⑱卵　⑲ゼリー層　⑳肛門

図版の詳細

(1)　背側から体壁を切り開き、露出した内臓（図A）。
(2)　内臓を取り除き、露出した水管系と筋肉（図B）。
(3)　消化管の入り口にある石灰環（図C）。
(4)　70倍で検鏡した卵巣（図D）。

《図版38　解 説》

〔内臓〕 大きな体腔があり、その中に収納されています。消化管と卵巣、及び水肺が、大部分を占めます。消化管は長い管で、食道と腸に大別されます。２本の腸血管が、消化管を挟んで並走しています。水肺は総排出腔につながる樹状の呼吸器で、肛門から海水を吸い込んでガス交換します。卵は、透明なゼリー層に包まれています。肝臓・心臓・排出器、及び中枢神経は、存在しません（図A，図D）。

〔水管系〕 海水の入った管よりなる棘皮動物固有の器官系です。仕組みは、環状水管を中心に、放射水管[注25] と管足[注26]（かんそく）が５放射相称に配置しています。なお、環状水管には袋状のポーリ氏嚢と海水の流入口になる石管が付いています（図B）。

〔皮膚と筋肉〕 体壁の大半を皮膚が占めます。その内側に、縦走筋と輻筋が５放射相称に薄く張り付いています。

〔石灰環〕 ５の倍数である10個の骨片より構成されます。５放射相称の輪で、縦走筋や触手の足場になります（図C）。

（注25）ほうしゃすいかん。環状水管から放射状に伸びて石灰環の内側を通り抜けて、体の後端まで体壁の中を縦走する水管です。縦走する際、分岐して管足につながります。

（注26）体壁から前端は外界に、後端は体腔に突き出た水管です。移動に使う運動器官ですが、海水とガス交換する呼吸器も兼ねています。なお、その後端は瓶嚢（びんのう）と呼ばれ、収縮や膨張によって管足の水圧を調節しています。

Topics トピックス

進化して、餌の乏しい環境に適応するナマコ

排出器を持たないために浸透圧調節ができず、分布域が拡がらない。感覚器や中枢神経を持たないため、刺激に対して素早く反応できない。心臓が存在しないために、体液循環が滞る。発達した筋肉が存在しないために、緩慢な動きしかできない。ないことだらけのナマコ。しかし、餌の少ない環境では、エネルギーを多量に消費する器官を持たず、少量の餌で静かに生きるのも一つの選択肢と考えます。

脊椎動物など、地球にいる主な動物の体は、左右相称です。それに対して、ウニやヒトデは、5放射相称です。左右相称と放射相称の長所と短所を考えてみてください。

第7章
植物のスケッチ
（図版39 〜図版46）

《概要》植物のスケッチの図版順に説明を掲載します。

図版39　ミニトマト、被子植物の花

被子植物の花について説明します。めしべの子房の中には、胚珠（はいしゅ）という将来の種子が潜んでいます。めしべの柱頭に花粉が付くと、子房は果実に胚珠は種子に変わります。花粉は、おしべの葯（やく）の中で作られます。

図版40　ミニトマト、被子植物の果実

受粉後、種子はもちろんのこと、果実も発達します。子房壁を形成した細胞は膨れて肉眼でも分かるぐらい巨大になります。完成した種子を縦断すると、植物体として完成されている胚が、観察できます。

図版41　クロマツ、裸子植物の花

１本のマツの枝には、いろんな花が付いています。雄花は、おしべの集まった花です。おしべには、花粉をつくる大きな袋（葯）が２つ付いています。雌花は、めしべの集まった花です。めしべには、２つの胚珠（未来の種子）が鱗（うろこ）のような心皮に付いています。胚珠は、トマトのように子房（心皮が合わさってできる）に包まれずに露出しています。これが、裸子植物の特徴です。

図版42　クロマツ、裸子植物の球果

めしべを構成していた心皮と胚珠が成長することで、雌花は球果になります。球果では、心皮はどんどん大きくなり、互いに隙間なく密着します。胚珠は受粉を経て、心皮の内側で種子になります。種子が完成するころになると、球果の色は緑色から茶色に変わります。そして、閉じていた心皮を開いて、種子をまき散らします。出来上がった種子を縦断するとミニトマト同様に植物体として完成されている胚が、観察できます。

図版43　ツバキ、葉の裏側の表皮（検鏡図）

植物は、陸上に進出する上で、体内の水分の蒸発を阻止する必要がありました。そのため、瓦を敷き詰めたような組織、表皮が生れました。しかし、表皮に隙間がなくなると、呼吸（ガス交換）ができません、そこで生まれたのが唇のような細胞である孔辺細胞と気孔です。

図版44　ツバキ、葉脈の道管（検鏡図）

植物は陸上生活をする上で、必要な水と無機イオンを土中から吸収して花や葉まで運ぶ必要があります。そのために生まれたのが、葉脈（葉にある維管束）などの木部にある道管です。道管は、元々は細胞でしたが、中身はもちろん、仕切りも失ってできた長い管です。通常は、束になって葉脈をつくります。

図版45　ツバキ、葉脈の師管（検鏡図）

植物の葉で合成された光合成産物は、果実・種子・根などに運んで蓄えます。これらを運ぶのが、葉脈などの師部にある師管です。師管は、道管同様に管状ではありますが、元になる師管細胞の中身も仕切りも残っています。

図版46　ツバキ、葉脈の師部繊維（検鏡図）

葉脈（維管束）は、木部、師部共に堅くて丈夫です。これは、木部繊維、師部繊維と呼ばれる細胞壁の厚い細胞が道管や師管の周りにあるためです。

Topics トピックス

被子植物への進化

シダ植物のあるグループから種子をつくる種子植物である裸子植物が生まれました。そのため、環境の悪い時期も種子で命を繋げることができるようになりました。さらに、裸子植物のあるグループから被子植物が生まれました。被子植物は、花に花弁を備え、昆虫を呼び寄せて受粉を手伝ってもらいます。

また、心皮が合わさって筒状の子房をつくります（図版39）。昆虫によって受粉が行われると、子房は栄養に富んだ果実に成長し、胚珠はその中で種子になります。鳥類や哺乳類は、果実を種子ごと食べます。種子は消化されずに動物と共に運ばれて糞といっしょに排出されますので、植物にとっては、動物に種を運んでもらっていることになります。被子植物は、動物に繁殖を手伝ってもらうことで繁栄を遂げ、地表のすみずみを覆いました。

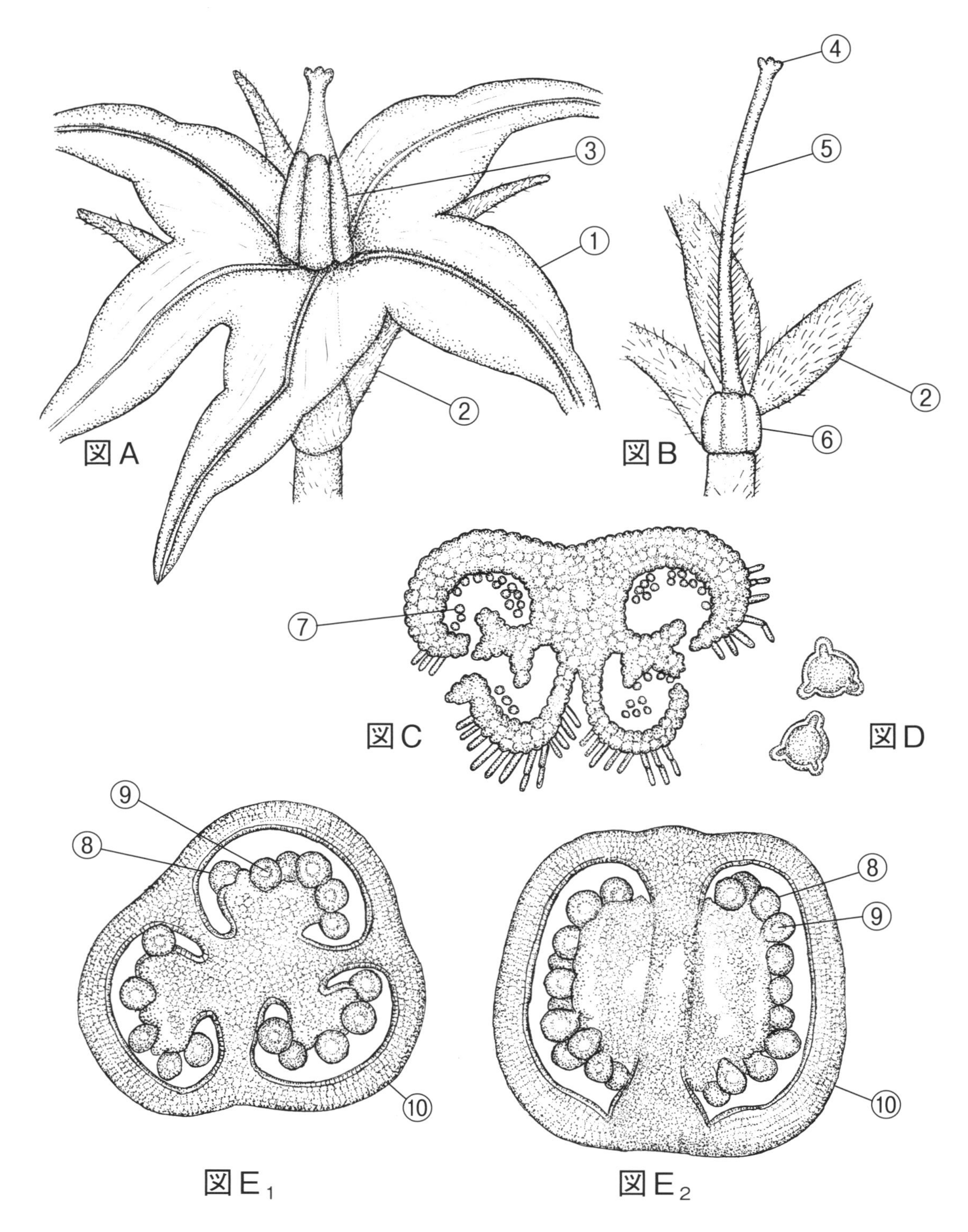

図版39　ミニトマト、被子植物の花

図A花，図Bめしべ，図C葯の横断面，図D花粉，図E_1子房の横断面，図E_2子房の縦断面

注：図C～図E_2は検鏡図

①花弁　②がく片　③おしべの葯（やく）　④めしべの柱頭　⑤花柱　⑥子房　⑦花粉　⑧胚珠　⑨胚のう　⑩子房壁

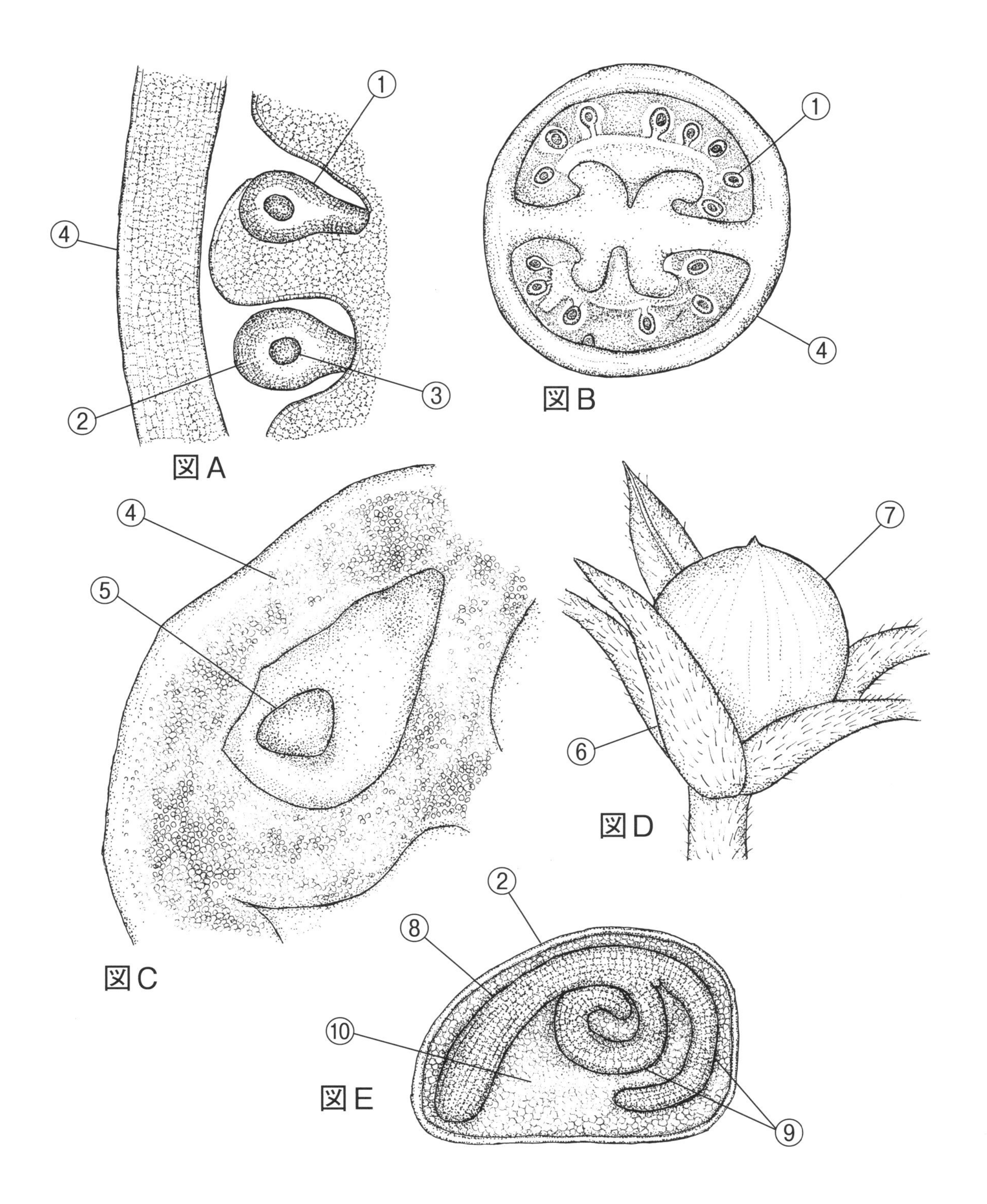

図版40　ミニトマト、被子植物の果実

図A果実の中で発達する種子（検鏡図），図B膨らみ始めた果実の横断面，図C成熟した果実の横断面，図D膨らみ始めた果実の外部，図E完成した種子の断面（検鏡図）①成長する種子　②種皮　③胚のう　④子房壁　⑤完成した種子　⑥がく片　⑦果実　⑧胚　⑨子葉　⑩胚乳

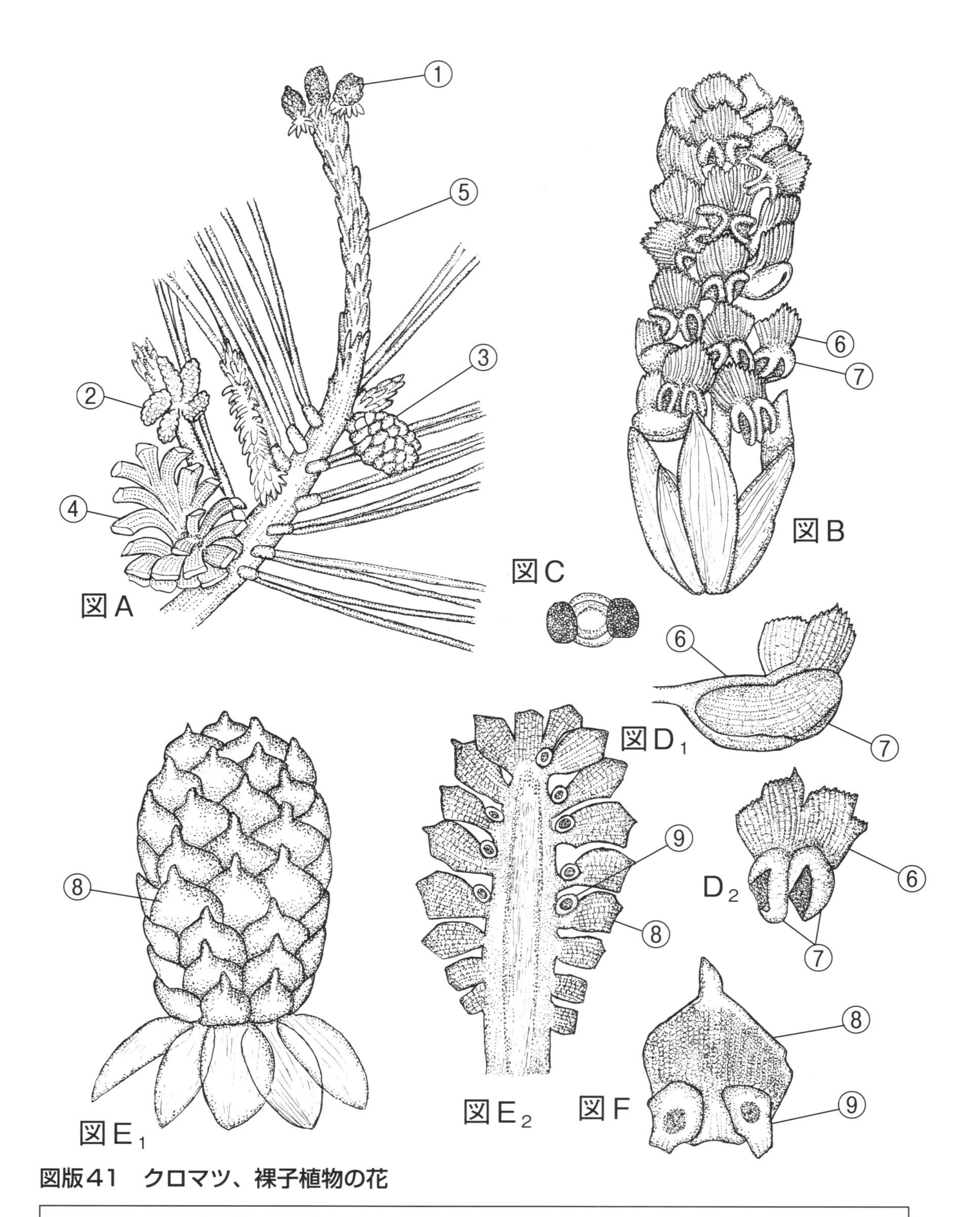

図版41　クロマツ、裸子植物の花

図Aクロマツの１本の枝，図Ｂ雄花，図Ｃ花粉（検鏡図），図Ｄ$_1$おしべ（側面），図Ｄ$_2$おしべ（正面），図Ｅ$_1$雌花，図Ｅ$_2$雌花（縦断面），図Ｆめしべ ①雌花　②雄花　③若い球果（１年前に受粉）　④老いた球果（２年前に受粉）　⑤頂芽から伸びた若い茎 ⑥おしべ　⑦葯（やく）　⑧心皮　⑨胚珠（はいしゅ）

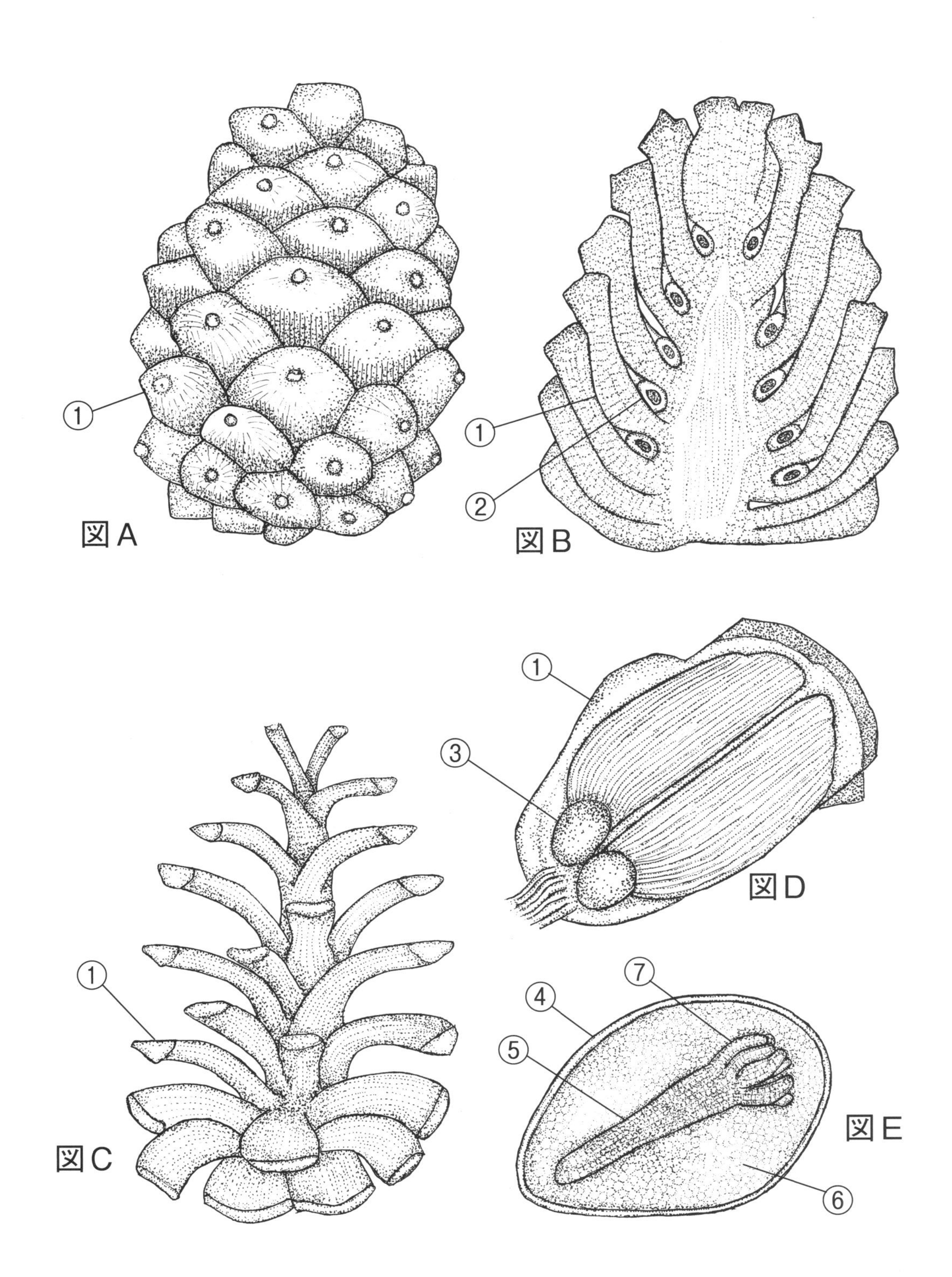

図版42　クロマツ、裸子植物の球果

図A若い球果，図B若い球果（縦断面），図C老いた球果，
図D完成した種子，図E種子の断面（検鏡図）
①心皮　②胚珠　③種子　④種皮　⑤胚　⑥胚乳　⑦子葉

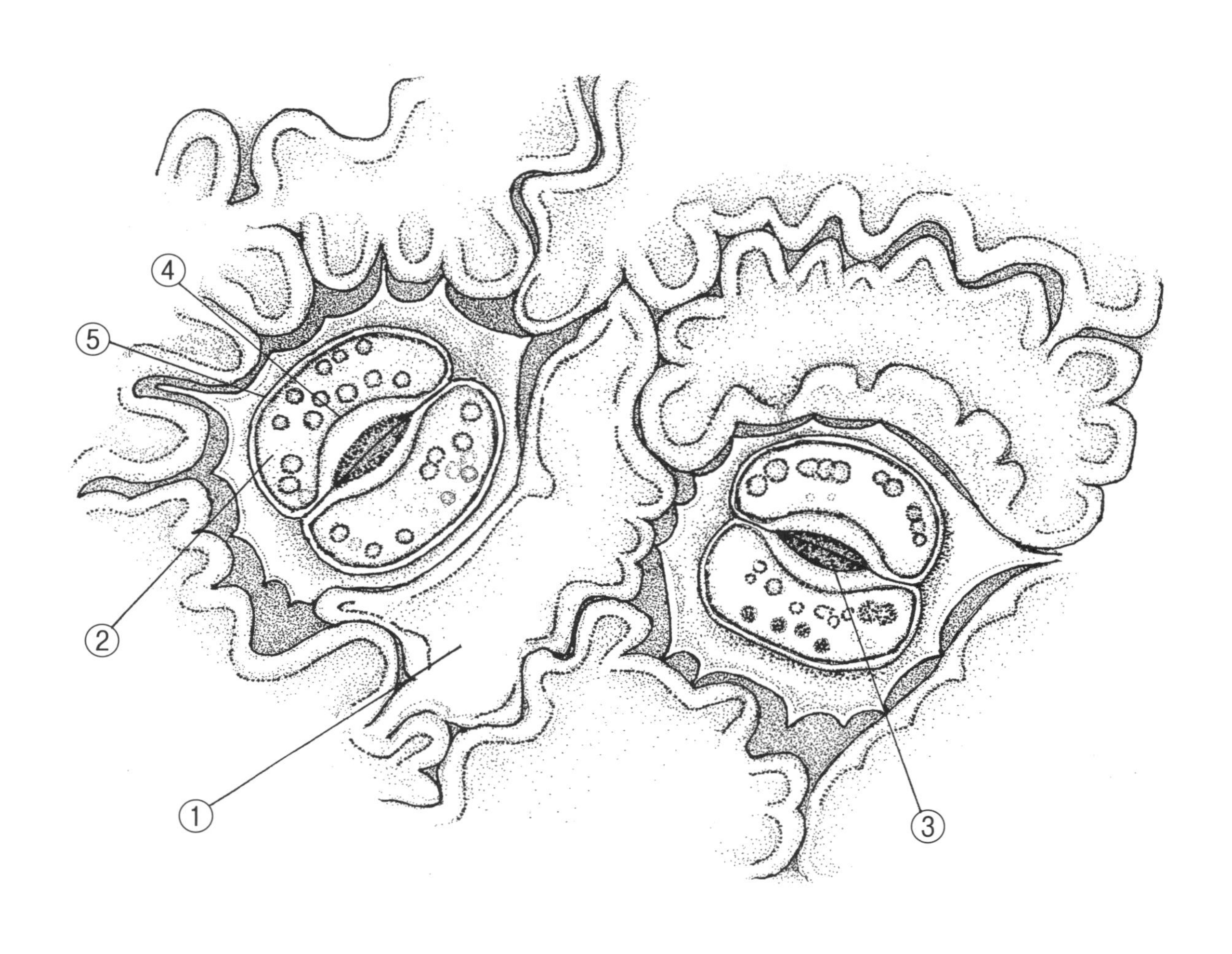

図版43　ツバキ、葉の裏側の表皮（検鏡図）

①表皮細胞　②孔辺細胞　③気孔　④内側の細胞壁　⑤外側の細胞壁

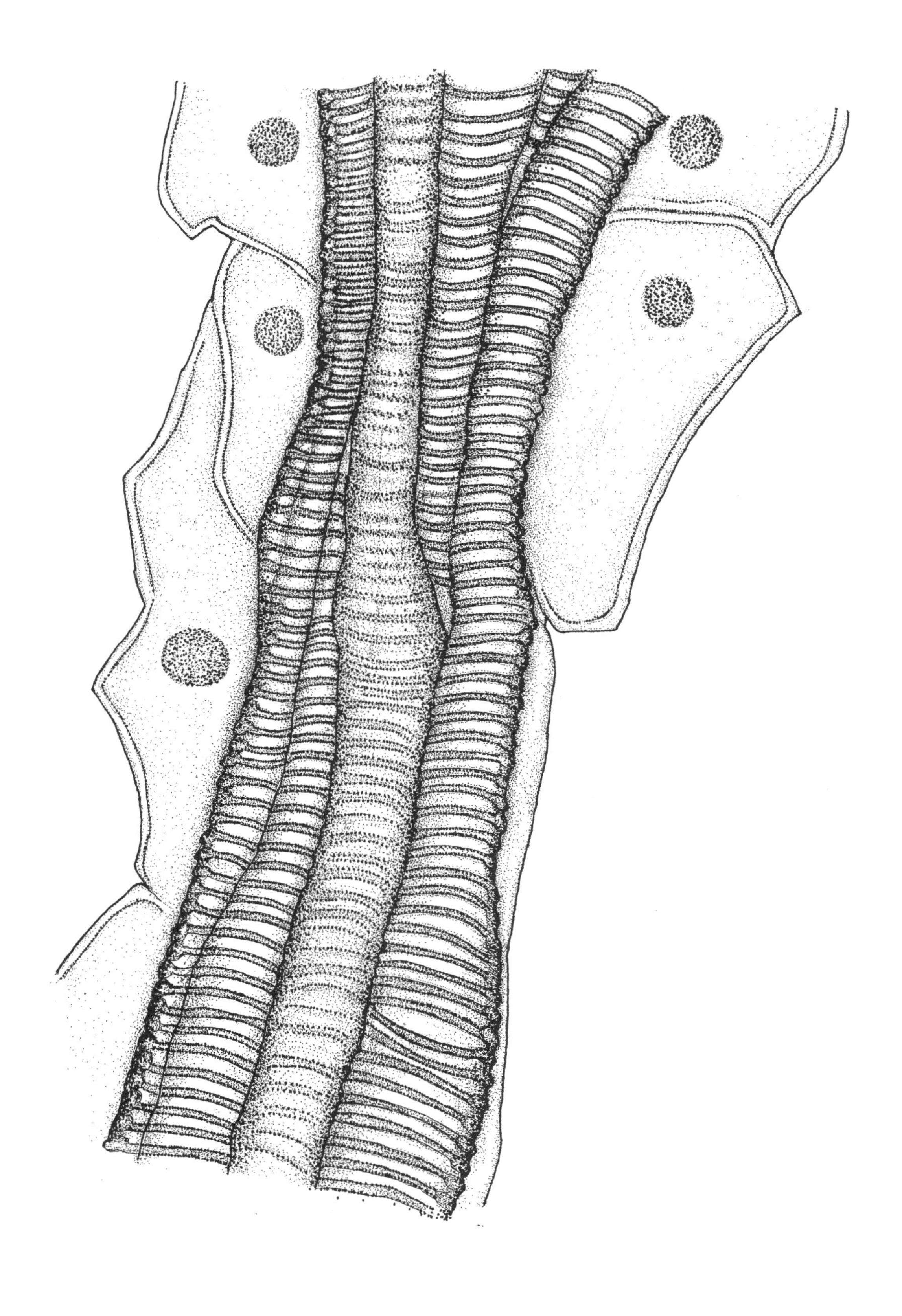

図版44　ツバキ、葉脈の道管（検鏡図） 注．葉脈とは葉にある維管束

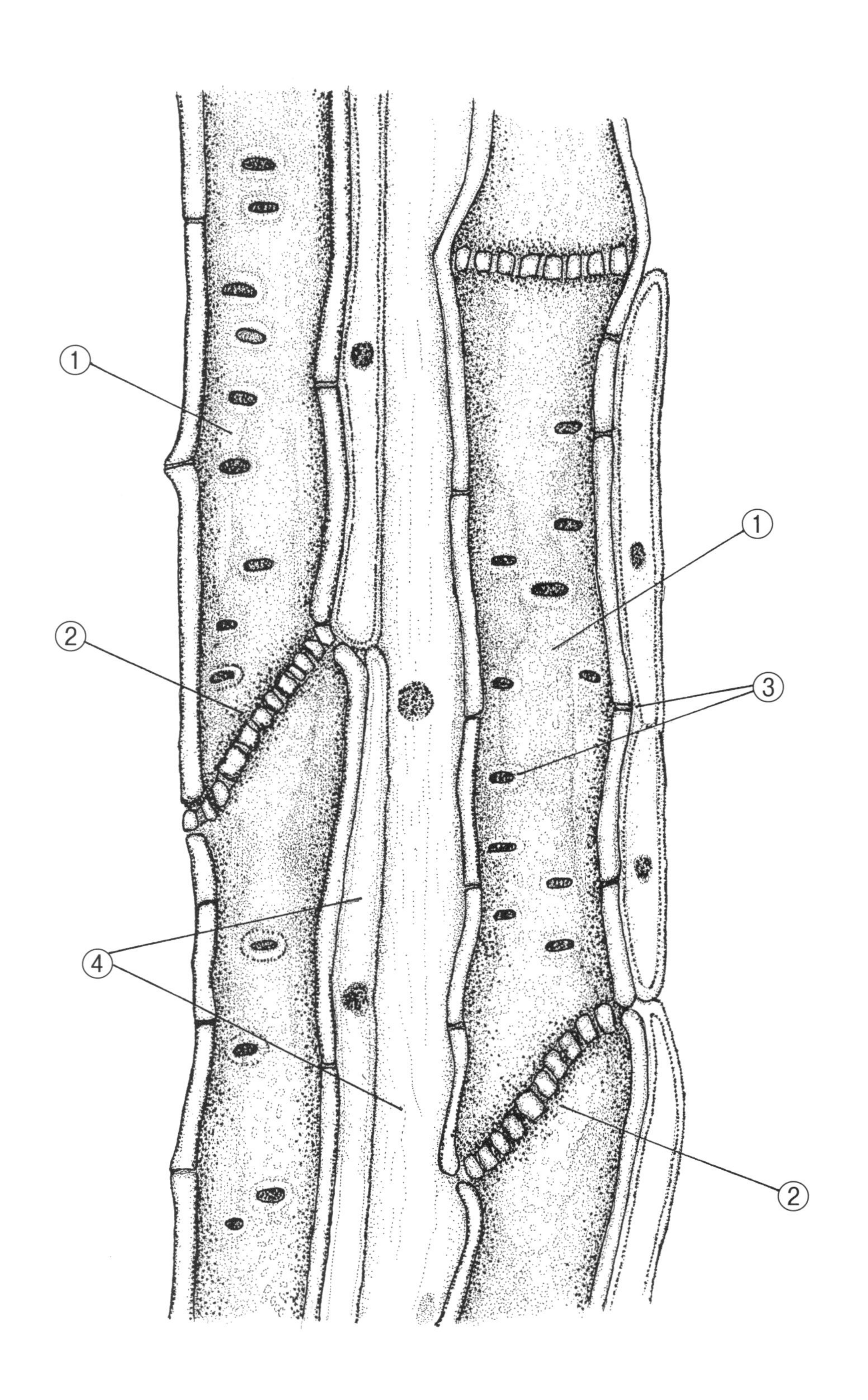

図版45　ツバキ、葉脈の師管（検鏡図）

①師管細胞　②師板　③側壁の小孔　④伴細胞

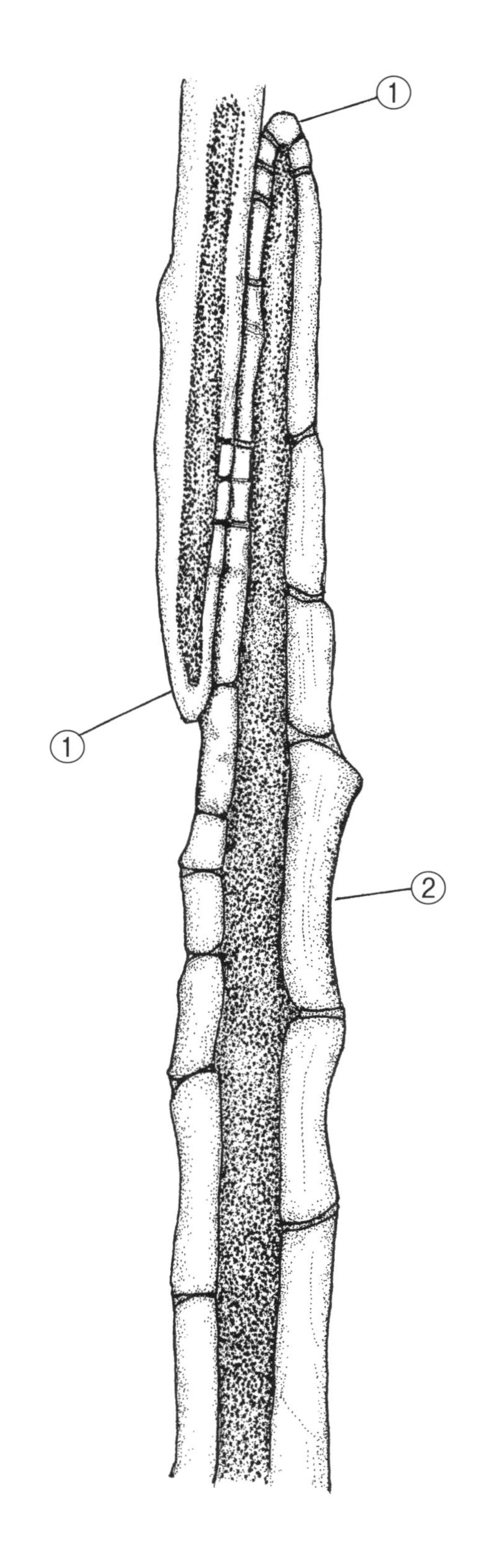

図版46　ツバキ、葉脈の師部繊維（検鏡図）

①尖った先端　②細胞壁

おわりに

『主な動物門･動物綱の体と器官の仕組み』をざっと俯瞰してみて､動物の命を支える体･器官の「仕組み」と「形状」の多様性を楽しんでいただけたでしょうか。最後に、「体と器官の多様な仕組み」をまとめ、次に「著者が抱く進化への思い」を述べて結びます。

1．体と器官の多様な仕組み

(1) 同じ門に所属する動物　大まかな仕組みは同じです。脊椎動物の大まかな仕組みは、次の通りです。① 体は、頭部・胴部、及び尾部より構成され、胴部には前肢と後肢が1対ずつ付いています。② 心臓は、「血液を受け取る心房」と「血液を押し出す心室」より構成されます。③ 中枢神経は、神経管に由来する脳と脊髄より出来ます。脳は大脳・間脳・中脳・小脳、及び延髄より構成されます。④ 頭骨は、脳頭蓋と神経頭蓋より出来ます。⑤ 眼球は、水晶体，ガラス体，網膜を備えたカメラ眼です。⑥ 中軸骨格は、頭骨、脊柱、前肢骨、及び後肢骨より出来ます。しかし、硬骨魚類、鳥類、哺乳類を観察すると、細かな仕組みは、多様になっています。その結果、硬骨魚類は水中生活に適応し（図版8～図版14)、鳥類は陸上生活と飛行に適応し（図版15～図版19)、哺乳類は咀嚼と3個の耳小骨を手に入れました（図版20～図版22)。

(2) 異なる門に所属する動物　動物の性質は共通しますが、動物の性質を支える体と器官の仕組みには、殆ど共通性がありません。細かな仕組みはもちろん、大まかな仕組みも多様です。節足動物と軟体動物の体と器官を下表にまとめました。

	節足動物・甲殻類	軟体動物・頭足類
体	頭胸部・腹部，及び尾から構成される体は、体節が連なって出来ます（図版23)。	頭・内臓塊、及び足より成る軟らかい体には、体節はありません。内臓塊は、外套膜に包まれています（図版34)。
口	大顎・小顎・顎脚・上唇・下唇から成る口器に縁どられます（図版23)。	口腔は筋肉に包まれて、顎板、歯舌、歯舌突起を備えた口球を形成します（図版36)。
心臓	小孔（心門）のある1つの心室より構成されます（図版27)。	2心房1心室の心臓の他に、鰓の根元に心臓を補助する鰓心臓が備わります（図版35)。
骨格	強固な外皮（甲殻）が体を包みます（図版25)。	退化した貝殻が、外套膜の背側に埋まっています（図版36)。
中枢神経	体軸に添って縦走する1対の神経索とその連絡部（神経節）より出来ます（図版27)。	大きな神経節が、頭部に集まり食道の周りを囲みます（図版36)。

2．著者が抱く進化への思い

高校生の頃の著者は、進化を進歩と考えていました。動物は、無脊椎動物→硬骨魚類→両生類→爬虫類→鳥類→哺乳類→ヒトと直線的に進化し、より精巧に複雑に、より完全になったと思っていました。魚類は、サンショウウオになる途上の動物、サルは、ヒトになる途上の動物と考えていました。いろいろな知識が増えるにつれ、次のように進化を考えるようになりました。「進化は、直線的でも過去の出来事でもなく、枝分かれしながら今も未来も続く進行形です。動物は進化して体や器官が多様になり、多様な環境に適応して今があるのです。進化は優等生をつくるのではなく、多様性をもたらすのです。」本著でも、章ごとに付けたトピックスで、その思いを繰り返して述べています。
「体（器官）が違っているから、多様な環境に適応できる生物。だけどみんな元をたどれば、同じ先祖にたどりつく。どの生物もすごく長い時間をかけてできた進化の産物。失いたくない仲間であり兄弟。」本書を読んで、そんな思いを身の回りの生物に持っていただければ、ありがたいと思います。

参考文献

渡辺 採朗　体（からだ）を観察する。『動物の解剖（観察）マニュアルと図譜』 2019年８月 本の泉社

渡辺 採朗　食卓のエビとカニを比べ、進化を考える『理科教室』2020年４月号 本の泉社

渡辺 採朗　魚類、鳥類、哺乳類の頭骨標本を作製して顔面骨の進化を学ぶ 『理科教室』2021年４月号 本の泉社

渡辺 採朗　サザエを解剖して、軟体動物・腹足類の体の仕組みを学ぶ 『理科教室』2022年９月号 本の泉社

渡辺 採朗　初心者のための、ニワトリの心臓の解剖を提案 『生物の科学遺伝』2019年９月号 エヌ・ティー・エス

渡辺 採朗　「米のとぎ汁」で食物連鎖の実験観察を提案 『生物の科学遺伝』2019年11月号 エヌ・ティー・エス

【著者略歴】渡辺 採朗（わたなべ・さいろう） 科学ライター
1956年徳島県生まれ。1980年北海道大学卒業。同年より神奈川県立高校の教諭として2022年3月まで生物教育に携わりました。その間、「自然から学ぶ」をモットーに、生徒との対話を重視し、実物観察を多く取り入れた授業を実践してきました。

細密画で辿る生物進化の足跡
大人の解剖図鑑

2023年6月24日　初版　第1刷発行©

著　者　渡辺 採朗（わたなべ さいろう）
発行者　浜田 和子
発行所　株式会社 本の泉社
〒113-0005 東京都文京区水道2-10-9
板倉ビル２F
TEL. 03-5810-1581　FAX. 03-5810-1582
https://www.honnoizumi.co.jp

印刷・製本　新日本印刷株式会社
DTP　河岡 隆（株式会社 西崎印刷）

ISBN978-4-7807-2241-3　C0045